発刊にあたって

　私たちの生活を取り巻く様々な樹木が、景観・環境・防災・安らぎなどに多様な役割を担っていることはすでにご承知のことと思います。ところが近年、公園・街路・学校・社寺・ゴルフ場などの身近な樹木が、台風などの強風により折れたり、倒れたりして、周辺の建物や器物などに大きな被害を及ぼし人身事故にもつながりかねないといった現象が散見されるようになって来ました。

　この現象は、樹木の枯損や樹勢の衰退によるものと考えられ、その大きな原因の一つとして木材腐朽菌（キノコ）による病害がありますが、残念ながらわが国においては、この分野の研究が、未だにあまり進んでいないのが現状です。

　そこでこの度、当会は創立30周年特別記念事業の一環として、（財）日本緑化センターのご協力を頂き、「緑化樹木腐朽病害ハンドブック－木材腐朽菌の見分け方とその診断」を作成いたしました。本書を緑地管理等の実務に従事されている方々にご利用頂き、景観保持・安全確保などの観点からお役立て頂ければ幸いと存じます。

　本書の最大の特長は、全国の樹木医の方々に全面的なご協力を頂き、本邦初と言ってもよい全国にわたる腐朽病害に関する詳細なデータを収集、カラー写真によるビジュアルなページ構成をし、木材腐朽菌の特定がし易いように心がけているところです。全国の樹木医をはじめご協力を頂きました皆様に対しまして、心からお礼申し上げます。

　当会は、昭和51年に設立され、昨年、創立30周年を迎えることができました。このような意義深い事業を継続できますのは、ゴルファー募金（1人1日50円）にご協力頂いておりますゴルフ場・ゴルファーをはじめとする皆様のお陰と深く感謝申し上げます。今後も、「ゴルファーからの緑化協力金」をもとに地道な環境緑化活動に努めてまいりますので、引き続き温かいご支援をお願い申し上げます。

平成19年8月

社団法人　ゴルファーの緑化促進協力会※
会　長　児　島　　　仁
理事長　大　西　久　光

※「社団法人ゴルファーの緑化促進協力会」は、平成23年に公益社団法人に移行し、名称を「ゴルフ緑化促進会」に変更いたしました

目 次

本書の構成 …………………………………………………………………………… 4

I　木材腐朽菌図鑑

1　木材腐朽菌図鑑
1) 緑化樹木に発生する木材腐朽菌 ………………………………………………… 7
2) 主な木材腐朽菌の簡易検索表 …………………………………………………… 9
3) 主な木材腐朽菌の解説 …………………………………………………………… 11
4) 子実体の採集法 …………………………………………………………………… 89
5) 木材腐朽菌の分類体系と同定法 ………………………………………………… 90
6) 木材腐朽菌類の主な分類群と特徴 ……………………………………………… 95
7) 用語解説 …………………………………………………………………………… 101

2　木材腐朽菌の性質
1) 木材腐朽菌の生活環 ……………………………………………………………… 105
2) 木材腐朽菌の感染方法 …………………………………………………………… 106
3) 胞子の性質 ………………………………………………………………………… 107
4) 菌糸の性質 ………………………………………………………………………… 108

II　緑化樹木腐朽病害の診断と対策

1　緑化樹木腐朽病害の診断

1.1　樹木の腐朽病害について
1) 木材の腐朽と腐朽病害 …………………………………………………………… 113
2) 木部の構造と腐朽 ………………………………………………………………… 114
3) 腐朽の発生する部位 ……………………………………………………………… 115

1.2　腐朽病害の見分け方
1) 外見による被害木の診断 ………………………………………………………… 117
2) ＶＴＡ手法による心材腐朽の診断 ……………………………………………… 118
3) 機器による診断 …………………………………………………………………… 119
　（1）レジストグラフ（半非破壊式） …………………………………………… 120
　（2）γ線樹木腐朽診断器（非破壊式） ………………………………………… 120
　（3）ピカス、インパルスハンマー（半非破壊式） …………………………… 121

1.3　腐朽病害診断の課題 …………………………………………………………… 125
1.4　腐朽病害の腐朽程度判定の課題 ……………………………………………… 126

主な木材腐朽菌の解説掲載ページ一覧 …………………………………………… 12
用語解説 ……………………………………………………………………………… 101

2　緑化樹木腐朽病害の対策

2.1　腐朽病害の現状

- 1) 腐朽病害の種類と発生樹種 …………………………………………… 128
  - (1) 腐朽病害の出現菌種 ………………………………………………… 128
  - (2) 腐朽病害の発生樹種 ………………………………………………… 128
  - (3) 腐朽病害の菌種と発生樹種 ………………………………………… 129
- 2) 腐朽病害発生樹木の概況 ……………………………………………… 135
  - (1) 根元周と樹高・推定樹齢 …………………………………………… 135
  - (2) 子実体の発生位置 …………………………………………………… 136
  - (3) ソメイヨシノの病害発生状況 ……………………………………… 137
  - (4) ケヤキの病害発生状況 ……………………………………………… 139
  - (5) 病害発生樹木の立地場所と腐朽誘発要因・侵入経路 …………… 140
- 3) 調査結果の総括 ………………………………………………………… 142

2.2　被害対策の考え方

- 1) 被害軽減方法 …………………………………………………………… 143
- 2) 心材腐朽被害対策の基本的考え方 …………………………………… 144
  - (1) 幹心材腐朽被害の対策 ……………………………………………… 145
  - (2) 根株心材腐朽被害の対策 …………………………………………… 147
- 3) 辺材腐朽被害対策の基本的考え方 …………………………………… 147
  - (1) 幹辺材腐朽被害の対策 ……………………………………………… 147
  - (2) 根株辺材腐朽被害の対策 …………………………………………… 148

2.3　予防対策の考え方

- 1) 木材腐朽菌の侵入要因 ………………………………………………… 149
- 2) 木材腐朽菌による被害（侵入拡大）の予防策 ……………………… 149
  - (1) 自然災害に対する予防策 …………………………………………… 149
  - (2) 人為的被害に対する予防策 ………………………………………… 151
    - a. 枝の正しい剪定 …………………………………………………… 151
    - b. 双幹の剪定 ………………………………………………………… 152

2.4　被害・予防対策の課題 …………………………………………………… 154

2.5　モデル対策事例

- 2.5.1 モデル対策の考え方 ………………………………………………… 155
- 2.5.2 福島県郡山市エドヒガンの事例 …………………………………… 157
- 2.5.3 埼玉県上尾市ケヤキの事例 ………………………………………… 161
- 2.5.4 熊本県多良木町イチイガシの事例 ………………………………… 168
- 2.5.5 熊本県菊池市ムクノキとエノキの事例 …………………………… 174

索　引 ………………………………………………………………………………… 179

資料編

- 緑化樹木腐朽病害の事例調査要領 ………………………………………… 182
- 執筆者一覧 …………………………………………………………………… 191

本書の構成

　本書は木材腐朽菌と緑化樹木の腐朽病害を解説することを目的として、「Ⅰ 木材腐朽菌図鑑」と「Ⅱ 緑化樹木腐朽病害の診断と対策」の2編から構成している。
　Ⅰ編は2章から成り、緑化樹木に発生する主な木材腐朽菌の判別方法について解説する。
　「1 木材腐朽菌図鑑」は本書の中核となるもので、主な木材腐朽菌65種類の写真、特徴、発生する樹種、腐朽型、分布、木材腐朽菌の簡易検索、用語解説について記載する。
　「2 木材腐朽菌の性質」は、木材腐朽菌をより詳しく知るため、木材腐朽菌の生活還、感染方法、胞子や菌糸の性質について解説する。
　Ⅱ編はⅠ編に示す木材腐朽菌の基礎知識をもとに、実際の緑化樹木腐朽病害に対する診断と対策について述べる。
　「1 緑化樹木腐朽病害の診断」において、木部の構成や腐朽の発生部位を明らかにし、腐朽病害の見分け方として、外見診断、VTA手法、機器診断の方法と手順を説明し、腐朽病害診断や腐朽程度判定の課題を示す。
　「2 緑化樹木腐朽病害の対策」において、平成17・18年度に全国の樹木医にご協力いただいた緑化樹木腐朽病害実態調査にもとづく腐朽病害の現状、心材腐朽と辺材腐朽に分けた被害対策、木材腐朽菌の侵入要因を整理し、自然災害と人為的被害に分けた予防対策の方法と手順を説明し、被害と予防の課題を述べる。
　さらに、上記の実態調査の中から特徴的な被害事例を選定し、4つのモデル対策を提示している。
　巻末には木材腐朽菌と腐朽病害に一般的な用語の索引を掲載している。

I
木材腐朽菌図鑑

1 木材腐朽菌図鑑

1）緑化樹木に発生する木材腐朽菌

　この図鑑では平成17・18年度に全国で実施された腐朽病害事例調査において、各地の樹木医により確認された主な木材腐朽菌を掲載している。この調査は都市部に植栽されている緑化樹木、とくに広葉樹を主な調査対象とした。従って、ここに掲載されている木材腐朽菌は広葉樹の緑化樹木に発生する種がほとんどであり、造林木の腐朽病害を起こす種や針葉樹に発生する種は少ない。また、調査の中ではシマサルノコシカケは確認されなかったが、緑化樹木の重要な木材腐朽菌と考えられるので図鑑に追加した。樹木医が撮影した写真を使用することを原則としたが、現地で鮮明な写真が撮れなかった場合には筆者や関係者が所有する写真や乾燥標本の写真を追加した。なお、2年間の調査期間中に確認された木材腐朽菌を中心に解説したため、この図鑑に掲載されない木材腐朽菌も実際には数多く存在することをお断りしておく。掲載種は表Ⅰ－1－1に示すように全65種で、そのほとんどは担子菌類である。掲載は分類群毎となっており、形態的に似た種は近くに集まるように配置した。なお、色の表現はおおむねJIS規格に従ったが、それ以外の色名は「色の名前507（福田邦夫著、主婦の友社、平成18年、288p）」に従った。

表Ⅰ－1－1　図鑑に掲載された木材腐朽菌

門、目、科名	No.	和　名	学　名
子のう菌類門			
クロサイワイタケ目			
クロサイワイタケ科	1	オオミコブタケ	*Kretzschmaria deusta*
担子菌類門			
キクラゲ目			
キクラゲ科	2	アラゲキクラゲ	*Auricularia polytricha*
ハラタケ目			
ヒラタケ科	3	ヒラタケ	*Pleurotus ostreatus*
スエヒロタケ科	4	スエヒロタケ	*Schizophyllum commune*
キシメジ科	5	ナラタケ	*Armillaria mellea*
	6	ナラタケモドキ	*A. tabescens*
オキナタケ科	7	ヤナギマツタケ	*Agrocybe cylindracea*
モエギタケ科	8	クリタケ	*Hypholoma sublateritium*
	9	ヌメリスギタケモドキ	*Pholiota aurivella*
ヒダナシタケ目			
コウヤクタケ科	10	アナタケ	*Schizopora flavipora*
	11	コガネコウヤクタケ	*Phlebia chrysocrea*
	12	サガリハリタケ	*Radulodon copelandii*
	13	チヂレタケ	*Plicaturopsis crispa*
ニクハリタケ科	14	ウスバタケ	*Irpex lacteus*
カンゾウタケ科	15	カンゾウタケ	*Fistulina hepatica*

門、目、科名	No.	和名	学名
サルノコシカケ科	16	マツオウジ	*Neolentinus lepideus*
	17	ヒトクチタケ	*Cryptoporus volvatus*
	18	シロアメタケ	*Tyromyces fissilis*
	19	ヤニタケ	*Ischnoderma resinosum*
	20	シハイタケ	*Trichaptum abietinum*
	21	ハカワラタケ	*T. biforme*
	22	ニクウスバタケ	*Cerrena consors*
	23	ミダレアミタケ	*C. unicolor*
	24	カイガラタケ	*Lenzites betulina*
	25	ウサギタケ	*Trametes trogii*
	26	オオチリメンタケ	*T. gibbosa*
	27	カワラタケ	*T. versicolor*
	28	クジラタケ	*T. orientalis*
	29	シロアミタケ	*T. suaveolens*
	30	ヒイロタケ	*Pycnoporus coccineus*
	31	チャカイガラタケ	*Daedaleopsis tricolor*
	32	ツリガネタケ	*Fomes fomentarius*
	33	ウズラタケ	*Perenniporia ochroleuca*
	34	ベッコウタケ	*P. fraxinea*
	35	シイサルノコシカケ	*Loweporus tephroporus*
	36	ニレサルノコシカケ	*Rigidoporus ulmarius*
	37	カイメンタケ	*Phaeolus schweinitzii*
	38	アイカワタケ	*Laetiporus sulphureus*
	39	マスタケ	*L. sulphureus var. miniatus*
ツガサルノコシカケ科	40	アオゾメタケ	*Postia caesia*
	41	ホウロクタケ	*Daedalea dickinsii*
	42	ツガサルノコシカケ	*Fomitopsis pinicola*
	43	バライロサルノコシカケ	*F. rosea*
	44	カタオシロイタケ	*F. spraguei*
	45	クロサルノコシカケ	*Melanoporia castanea*
	46	カンバタケ	*Piptoporus betulinus*
	47	シロカイメンタケ	*P. soloniensis*
マンネンタケ科	48	コフキタケ	*Ganoderma applanatum*
	49	マンネンタケ	*G. lucidum*
タバコウロコタケ科	50	アズマタケ	*Inonotus vallatus*
	51	オニカワウソタケ	*I. ludovicianus*
	52	カワウソタケ	*I. mikadoi*
	53	ヤケコゲタケ	*I. hispidus*
	54	カシサルノコシカケ	*Phellinus robustus*
	55	キコブタケ	*P. igniarius*
	56	コブサルノコシカケモドキ	*P. setulosus*
	57	コルクタケ	*P. torulosus*
	58	サビアナタケ	*P. ferruginosus*
	59	シマサルノコシカケ	*P. noxius*
	60	チャアナタケ	*P. umbrinellus*
	61	チャアナタケモドキ	*P. punctatus*
	62	ツリバリサルノコシカケ	*P. wahlbergii*
	63	ネンドタケ	*P. gilvus*
	64	モミサルノコシカケ	*P. hartigii*
	65	ムサシタケ	*Pyrrhoderma adamantinum*

2) 主な木材腐朽菌の簡易検索表

　ここでは本図鑑に取り上げた木材腐朽菌のための簡易な検索表を掲載する。この検索表は広葉樹と針葉樹の腐朽部位から検索を始めて、ある程度まで種を絞り込むためのものである。当初は種まで絞り込むような検索表を検討したが、数頁にわたりとても実用にはならないので、このような形に落ち着いた。この検索表を用いてある程度まで種を絞り込み、図鑑の写真と記載文により種を同定できるように意図した。

　用語については、後載の 7) 用語解説を参照していただきたい。

A　針葉樹の根株腐朽を起こすグループ

傘と柄のある柔らかいキノコを作る …… ナラタケ属　ナラタケなど
硬い子実体を作る
　↳ 子実体は多年生、無柄、半背着生〜坐生 …… シマサルノコシカケ
　↳ 子実体は一年生、有柄あるいは無柄 ………… アズマタケ、カイメンタケ

B　針葉樹の幹腐朽を起こすグループ

子実体は一年生
　↳ 子実体は肉厚、水分を多く含む ……………… アオゾメタケ、マスタケ
　↳ 子実体の肉は薄く、余り水分を含まない …… カワラタケ、シハイタケ、ヒトクチタケ
子実体は多年生
　↳ 子実体の組織（肉）はクリーム色 …… ツガサルノコシカケ
　↳ 子実体の組織は黄色〜狐色 ………………… チャアナタケモドキ、モミサルノコシカケ

C　広葉樹の根株腐朽を起こすグループ

子実体は黒いかさぶた状 …… オオミコブタケ
子実体はかさぶた状ではない
　↳ 傘と柄のある柔らかいキノコを作る …… クリタケ、ナラタケ、ナラタケモドキ
　↳ 硬い子実体を作る
　　↳ 子実体は有柄 …… マンネンタケ、ムサシタケ
　　↳ 子実体は無柄
　　　↳ 子実体は一年生 …… オニカワウソタケ、ニレサルノコシカケ、ベッコウタケ
　　　↳ 子実体は多年生 …… シマサルノコシカケ、ツリバリサルノコシカケ

D　広葉樹の幹・枝腐朽を起こすグループ

子実層托（子実体の裏面）はヒダ状
　↳ 傘と柄のある柔らかいキノコを作る … ヌメリスギタケモドキ、ヒラタケ、マツオウジ、ヤナギマツタケ
　↳ 傘はあるが無柄 … カイガラタケ、スエヒロタケ、チャカイガラタケ、チヂレタケ、（ヒラタケ）
子実層托は平坦、針状、薄歯状
　↳ 子実体は背着生、子実層托は平坦、針状 … コガネコウヤクタケ、サガリハリタケ
　↳ 子実体は半背着生、子実層托は薄歯状 … ウスバタケ、ニクウスバタケ、ミダレアミタケ
子実層托は管孔状
　↳ 子実体は赤色や朱色 …… カンゾウタケ、ヒイロタケ
　↳ 子実体は赤色系ではない
　　↳ 子実体や組織（肉）は黄色～狐色～茶色 …… D1　タバコウロコタケ科
　　↳ 子実体や組織は黄色系ではない
　　　↳ 子実体の組織は濃色でチョコレート色、焦茶色
　　　　　…… クロサルノコシカケ、シイサルノコシカケ、コフキタケ
　　　↳ 子実体の組織は淡色で白色、枯草色、灰桜色など
　　　　↳ 木材の白色腐朽を起こす …… D2　サルノコシカケ科
　　　　↳ 木材の褐色腐朽を起こす …… D3　ツガサルノコシカケ科など

D1　タバコウロコタケ科

子実体は一年生 …… カワウソタケ、ネンドタケ、ヤケコゲタケ
子実体は多年生
　↳ 子実体は坐生～半背着生 … カシサルノコシカケ、キコブタケ、コブサルノコシカケモドキ、コルクタケ
　↳ 子実体は背着生 …………… サビアナタケ、チャアナタケ、チャアナタケモドキ

D2　サルノコシカケ科

子実体は生時水分を多く含み肉質 …… シロアメタケ、ヤニタケ
子実体は生時もあまり水分を含まず、革質～木質
　子実体は薄く、厚さ3mm以下 …… カワラタケ、シハイタケ
　子実体は厚く、通常厚さ1cm以上
　　↳ 子実体は極めて硬く、丸山形～蹄形 …… ツリガネタケ
　　↳ 子実体は生時柔軟で力を加えれば変形し、半円形で棚状
　　　↳ 子実体は大型、通常直径10cm以上 …… オオチリメンタケ、クジラタケ
　　　↳ 子実体は小型、通常直径10cm以下 …… ウサギタケ、ウズラタケ、シロアミタケ

D3　ツガサルノコシカケ科など

子実体は生時水分を多く含み、柔軟でややもろい
　→ 子実体は小型、幅6cm以下、生時白色で青みがかる ……アオゾメタケ
　→ 子実体は大型、通常幅10cm以上、青みがかることはない
　　→ 傘は全面が茶色、カンバ類だけに発生 ……カンバタケ
　　→ 傘は白色、黄色、小麦色、サーモンピンクなど、種々の広葉樹に発生
　　　　　　　……アイカワタケ、シロカイメンタケ、マスタケ
子実体は生時も余り水分を含まず、硬い
　→ 成熟しても傘は淡色で、白色～枯草色～茶色 ……カタオシロイタケ、ホウロクタケ
　→ 成熟すると傘は濃色になり、焦茶色～黒色など …ツガサルノコシカケ、バライロサルノコシカケ

3）主な木材腐朽菌の解説

解説に使用している樹種と腐朽型の凡例を示す。

樹　種

　広葉樹　　　　針葉樹　　　まれに広葉樹　まれに針葉樹

腐朽型

根株心材腐朽　根株心材腐朽　根株辺材腐朽　根株辺材腐朽
白色腐朽　　　褐色腐朽　　　白色腐朽　　　褐色腐朽

幹枝心材腐朽　幹枝心材腐朽　幹枝辺材腐朽　幹枝辺材腐朽
白色腐朽　　　褐色腐朽　　　白色腐朽　　　褐色腐朽

根株腐朽　樹木の地際部や根が腐朽するタイプの腐朽。
幹腐朽　　樹木の幹の比較的上の部分が腐朽すること。
心材腐朽　樹木の心材部が腐朽する現象。
辺材腐朽　樹木の辺材部が腐朽する現象。形成層も同時に侵され、溝腐れ症状になることが多い。
白色腐朽　木材中のセルロースとリグニンが同時に分解されるタイプの腐朽。腐朽が進むと木材は白っぽくなる。
褐色腐朽　木材中のセルロースだけが分解されるタイプの腐朽。腐朽が進むと木材は褐色になる。

主な木材腐朽菌の解説掲載ページ一覧

1	オオミコブタケ	13
2	アラゲキクラゲ	14
3	ヒラタケ	15
4	スエヒロタケ	16
5	ナラタケ	17
6	ナラタケモドキ	18
7	ヤナギマツタケ	19
8	クリタケ	20
9	ヌメリスギタケモドキ	21
10	コガネコウヤクタケ	22
11	チヂレタケ	23
12	サガリハリタケ	24
13	アナタケ	25
14	ウスバタケ	26
15	カンゾウタケ	27
16	マツオウジ	28
17	ヒトクチタケ	29
18	シロアメタケ	30
19	ヤニタケ	31
20	シハイタケ	32
21	ハカワラタケ	33
22	ニクウスバタケ	34
23	ミダレアミタケ	35
24	カイガラタケ	36
25	ウサギタケ	37
26	オオチリメンタケ	38
27	カワラタケ	40・41
28	クジラタケ	42
29	シロアミタケ	43
30	ヒイロタケ	44
31	チャカイガラタケ	45
32	ツリガネタケ	46
33	ウズラタケ	47
34	ベッコウタケ	48・49
35	シイサルノコシカケ（シイノサルノコシカケ）	50・51
36	ニレサルノコシカケ（オオシロサルノコシカケ）	52
37	カイメンタケ	53
38	アイカワタケ（ヒラフスベ）	54・55
39	マスタケ	56
40	アオゾメタケ	57
41	ホウロクタケ	58
42	ツガサルノコシカケ	59
43	バライロサルノコシカケ	60
44	カタオシロイタケ	61
45	クロサルノコシカケ	62
46	カンバタケ	63
47	シロカイメンタケ	64
48	コフキタケ（コフキサルノコシカケ）	66・67
49	マンネンタケ	68
50	アズマタケ	69
51	オニカワウソタケ	70
52	カワウソタケ	72・73
53	ヤケコゲタケ	74
54	カシサルノコシカケ（コブサルノコシカケ）	75
55	キコブタケ	76
56	コブサルノコシカケモドキ	77
57	コルクタケ	78
58	サビアナタケ	79
59	シマサルノコシカケ	80・81
60	チャアナタケ	82
61	チャアナタケモドキ	83
62	ツリバリサルノコシカケ	84
63	ネンドタケ	85
64	モミサルノコシカケ	86
65	ムサシタケ	87

コラム

針葉樹の腐朽菌と褐色腐朽	39
なぜサクラ類に腐朽病害が多く発生するのか	65
木材腐朽菌には子のう菌類が少ない？	71

オオミコブタケ

学名：*Kretzschmaria deusta*（Hoffm.）P.M.D. Martin
科名：クロサイワイタケ科（Xylariaceae）

　子実体（子座）は不定型でかさぶた状、幅1〜5cm、厚さ1〜3mm、根株付近に多数隣接して形成され、未熟な子座はパールグレイ（薄い灰色）で柔軟、成熟すると黒色、炭質でもろく、樹皮から容易に剥がれる。子座表面には子のう殻孔口の突起がある。子のう殻は大型、ほぼ球形、直径1mm程度。子のうはこん棒状、8個の子のう胞子を含み、胞子収納部は長さ200〜250μm、柄は長さ50〜60μm、先端部にアミロイド反応を呈する大型のプラグがある。子のう胞子は片側が平らな紡錘形、紫紺〜黒茶色、30〜40×8〜12μm、発芽スリットを有する。

　木材腐朽菌のほとんどは担子菌類であるが、本菌は子のう菌類に属する。本菌は黒くもろいかさぶた状で、樹皮から剥がれやすい子座を形成し、子のう胞子が大きいことが特徴である。本菌に侵された樹木の材には黒い帯線が形成される。枯死木の根株にしばしば発生するが、生きた樹木を枯らすこともある。

樹種：広葉樹
腐朽型：根株心材腐朽；白色腐朽
分布：全国

被害木の地際部

子座（黒い点は子のう殻の孔口）

被害木（ツゲ）地際部に形成された未熟な子座

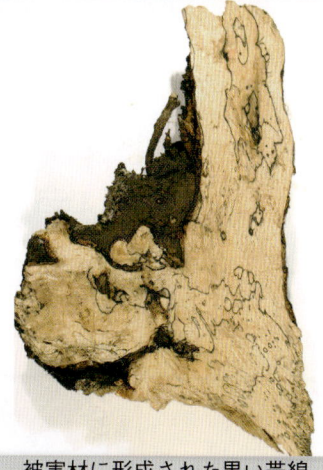
被害材に形成された黒い帯線

子のう胞子

2 キクラゲ目

アラゲキクラゲ

学名：*Auricularia polytricha*（Mont.）Sacc.
科名：キクラゲ科（Auriculariaceae）

子実体は一年生、ロート状〜椀状〜耳状、径2〜6cm、高さ0.5〜1cm、単生あるいは群生する。肉の厚さは1mm程度、生時はゼラチン質、乾時は革質〜軟骨質。背面は灰色〜朽葉色、短毛が密生する。子実層托は黒茶色、平滑。担子器は細長い円筒形、横隔壁により4室に分かれる。担子胞子は腎臓形〜ソーセージ形、無色、8〜13×3〜5μm。本種はキクラゲに似るが、背面に短毛が密生するのが特徴である。

樹種：広葉樹
腐朽型：幹や枝の心材腐朽；白色腐朽
分布：全国

a〜c 被害木に形成された子実体

培養菌そう

ヒラタケ

3 ハラタケ目

学名：*Pleurotus ostreatus*（Jack.: Fr.）P. Kumm
科名：ヒラタケ科（Pleurotaceae）

　子実体は一年生、扇形～半円形、短柄を有し、柄は側生、幅5～15cm、しばしば数個の子実体が重なって形成される。傘の表面は平滑、はじめ勝色（かちいろ）（色サンプル ■ ）～黒色、のちに灰白色～茶鼠色～枯草色になる。子実層托はヒダ状、ヒダは垂生、白色。傘肉（さんにく）は柔軟、白色。子実体の組織は1菌糸型、原菌糸は無色、かすがい連結を有する。担子胞子は無色、円筒形～楕円形、$8～12×3～4\mu m$。様々な樹種に発生し、木材腐朽力は大きい。本種に似るがより小型で肉が薄いものは別種のウスヒラタケとされている。近縁種にオオヒラタケがあるが、オオヒラタケは柄の基部付近に分生子束（頭部は黒い水滴状の分生子の塊となる）を形成することで区別できる。

樹種：広葉樹、まれに針葉樹
腐朽型：幹や枝の心材腐朽；白色腐朽
分布：全国

a～d　被害木に形成された子実体

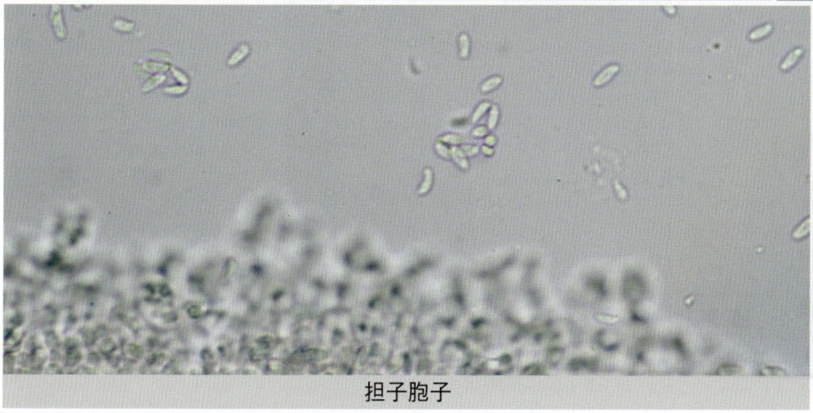

担子胞子 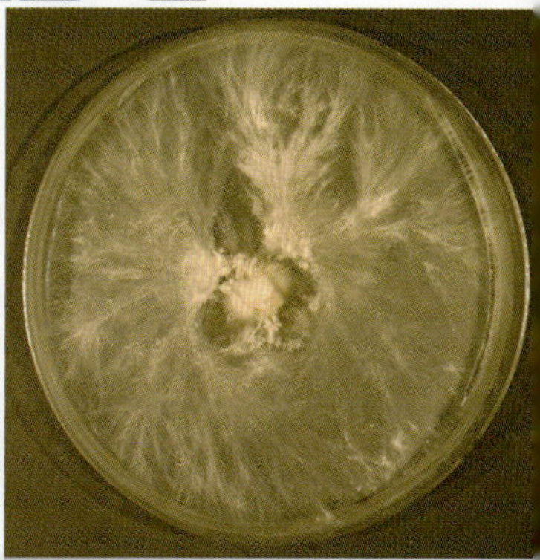　　　　　培養菌そう

スエヒロタケ

学名：*Schizophyllum commune* Fr.: Fr.
科名：スエヒロタケ科（Schizophyllaceae）

子実体は一年生、扇形、無柄、幅は最大3cm程度、しばしば多くの傘が重なって形成される。傘の表面には粗毛が密生し、白色～灰白色、放射状にしわがあり、子実層托はヒダ状、白～灰桜色、乾燥すると1枚のヒダは縦に2枚に裂ける。肉は革質、傘肉と子実層の組織ははっきり分かれる。子実体の組織は1菌糸型、原菌糸は無色、かすがい連結を有する。担子胞子は円筒形、無色、4～6×1.5～2μm。本菌は枯死した樹木や枯枝などにしばしば発生するが、腐朽力は小さいと考えられる。

樹種：広葉樹、時に針葉樹にも発生
腐朽型：枝や幹の心材腐朽；白色腐朽
分布：全国

a～c 被害木に形成された子実体

子実体の裏面（ヒダ）　　培養菌そう

5 ナラタケ

ハラタケ目

学名：*Armillaria mellea*（Vahl: Fr.）P. Kumm.
科名：キシメジ科（Tricholomataceae）

　子実体は傘と柄のあるキノコ形、柄は中心生。傘は山吹色〜金茶色〜琥珀色、中央部には鱗片、周縁部に条線を有する。子実層托はヒダ状、ヒダはやや密、白色〜錬色（色サンプル　　）、直生〜やや垂生。柄は下部がややふくらみ、上部は白色〜クリーム色、下部は狐色〜茶色、繊維質、上部に厚い白色〜クリーム色のツバを有する。柄の基部にはしばしば黒色の菌糸束が存在する。子実体を構成する菌糸はかすがい連結を欠く。担子胞子は広楕円形、無色、7〜8.5×5〜5.5μm。初夏〜夏、および晩秋に発生する。

　少し以前までナラタケは1種と考えられてきたが、現在では多くの種に分かれることが判明している。日本ではナラタケ属菌がこれまでに11種が報告されている。ナラタケ類は種によって寄主や病原性が異なり、ナラタケは広葉樹と一部の針葉樹に発生し、オニナラタケは主に針葉樹に発生する。両種とも病原性は強い。

　ナラタケは樹木への寄生性が強いことで知られているが、木材腐朽力についてはあまり良く分かっていない。土壌中に焦茶〜黒色の根状菌糸束を形成することと、被害木の樹皮下に白色の菌糸膜を形成することが特徴である。

樹種：広葉樹、一部の針葉樹（ヒノキ、クロマツ）
腐朽型：根株心材腐朽；白色腐朽
分布：全国、とくに温帯域

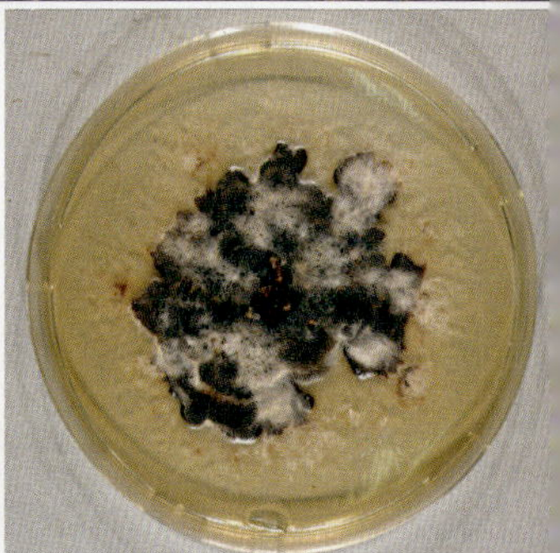

a〜c 被害木地際部に形成された子実体　　被害木樹皮下に形成された菌糸膜　　培養菌そう

写真a〜d提供：森林総合研究所微生物生態研究室　太田祐子

6 ハラタケ目 ナラタケモドキ

学名：*Armillaria tabescens*（Scop.）Emel
科名：キシメジ科（Tricholomataceae）

子実体は傘と柄を有し、柄は中心生。しばしば多数の子実体が束生する。傘ははじめ丸山形、後に漏斗形、中心部に細かい鱗片があり、枯草色〜山吹色〜土色。子実層托はヒダ状、ヒダはやや密、白色〜杏色、直生〜垂生。柄は細長く、傘と同色だが下部は色が濃い、繊維質、ツバを欠く。担子胞子は広楕円形、無色、6〜8×5〜6μm。夏〜初秋に発生。本菌はナラタケに似るがツバを欠くことで区別される。ナラタケと同様に樹木を衰弱・枯死させるが、ナラタケと異なり土中には菌糸束を作らない。

樹種：広葉樹
腐朽型：根株心材腐朽；白色腐朽
分布：全国、ナラタケの分布域よりやや暖かい地域に分布する

被害木（イヌマキ）

a・b 被害木地際部に形成された子実体

子実体

7 ヤナギマツタケ

ハラタケ目

学名：*Agrocybe cylindracea*（DC.）Gillet
科名：オキナタケ科（Bolbitiaceae）

　子実体は傘と柄のあるキノコ形、傘ははじめ丸山形、のち平らに開く、径5～10cm、柄は中心生、柄の上部に顕著なツバを有する。傘の表面は平滑、狐色～褐色。柄は白色～狐色、長さ3～8cm。子実層托はヒダ状、ヒダは密で柄に直生し、はじめ白色、のちに焦茶色。担子胞子は広楕円形、茶色、8.5～11×5.5～7μm。本菌は茶色の傘と柄のある比較的大型の子実体を形成し、柄の上部に大きなツバを有し、成熟するとヒダが焦茶色になるのが特徴である。

樹種：広葉樹
腐朽型：枝や幹の心材腐朽；白色腐朽
分布：全国

a～e　被害木に形成された子実体

オキナタケ科

8 ハラタケ目

クリタケ
学名：*Hypholoma sublateritium*（Shaeff.）Quél.
科名：モエギタケ科（Strophariaceae）

　子実体は有柄、傘は中心性、ツバを欠く。傘ははじめ丸山形、後まんじゅう形から平らに開き、表面は平滑、黄茶色〜狐色〜煉瓦色、周辺部は練色、3〜8cm。子実層托はヒダ状、ヒダは直生〜湾生、はじめ練色、後に焦茶色〜黒茶色。柄は長さ5〜10cm、太さ0.8〜1.5cm、上部は白〜クリーム色、下部は黄茶色〜狐色。胞子は卵形、琥珀色、5〜7.5×3.5〜4.5μm。本菌によく似た種としてニガクリタケが有るが、ニガクリタケはクリタケに比べて小型で、より黄色味がかり、苦みが強い。

樹種：広葉樹
腐朽型：根株心材腐朽；白色腐朽
分布：全国

被害木（ムクノキ）

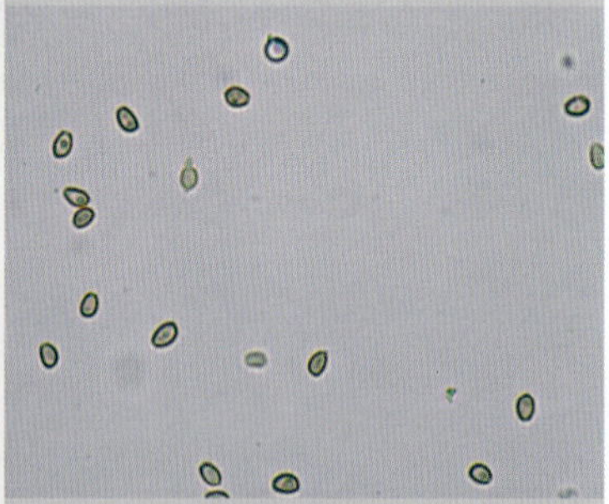

担子胞子

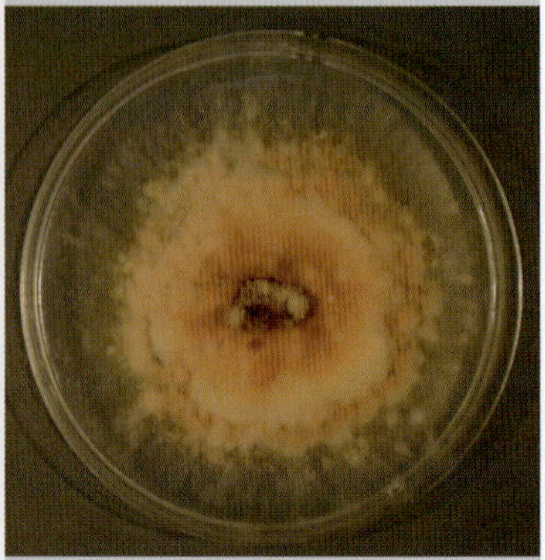

培養菌そう

a・b　地際部に形成された子実体

写真a・b提供：塩津孝博

9 ヌメリスギタケモドキ
ハラタケ目

学名：*Pholiota aurivella*（Batsch: Fr.）Fr.
科名：モエギタケ科（Strophariaceae）

子実体は傘と柄を有し、柄は中心生。傘ははじめ丸山形、のちに平らに開き、黄金色〜狐色で中央部の色が濃く、生時粘性を帯び、三角形の鱗片が多数存在する。子実層托はヒダ状、ヒダは直生〜上生、密、はじめクリーム色、のちに焦茶色。柄はクリーム色〜黄金色、不完全なツバを有するがのちに消滅し、下部に細かい鱗片を有するがのちに平滑になり、粘性を帯びない。担子胞子は楕円形、一端に発芽孔を有し、橙色、6〜9×4〜5μm。本菌は大型の鱗片と粘性のある傘を有し、胞子紋が焦茶色を呈することが特徴である。ヌメリスギタケは本種に似るが、柄の鱗片が粘性を帯びることで区別され、担子胞子は本種よりも小型（5〜6.5×3〜4μm）である。

樹種：広葉樹
腐朽型：幹心材腐朽；白色腐朽
分布：全国

被害木（バッコヤナギ）

a・b　ヌメリスギタケ

c〜e　ヌメリスギタケモドキ

10 コガネコウヤクタケ

ヒダナシタケ目

学名：*Phlebia chrysocrea*（Berk. & M.A. Curtis）Burds.
科名：コウヤクタケ科（Corticiaceae）

　子実体は一年生、背着生、不定型に広がり、基質から剥がれにくく、表面平坦、卵色〜山吹色、乾時亀裂し、厚さ0.2〜0.5mm、縁は薄い。5％程度のKOH液を滴下するとワインレッド色に変色する。子実体の組織は1菌糸型、菌糸は無色、かすがい連結を有する。子実層には先端が細く尖ったシスチジアが存在する。担子胞子は楕円形〜円筒形、無色、4〜5×2〜2.5μm。本菌は鮮やかな卵色のこうやく状の子実体を形成し、KOH液で変色することが特徴である。

樹種：広葉樹、ヒノキ
腐朽型：根株心材腐朽；白色腐朽
分布：本州以南

被害木（ヤマモモ）

a・b　子実体

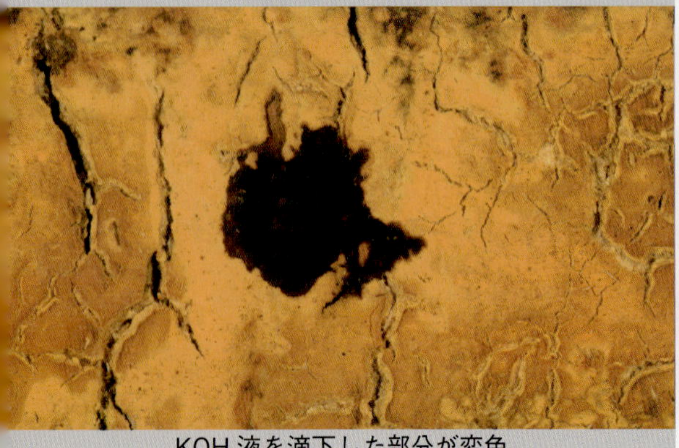

KOH液を滴下した部分が変色

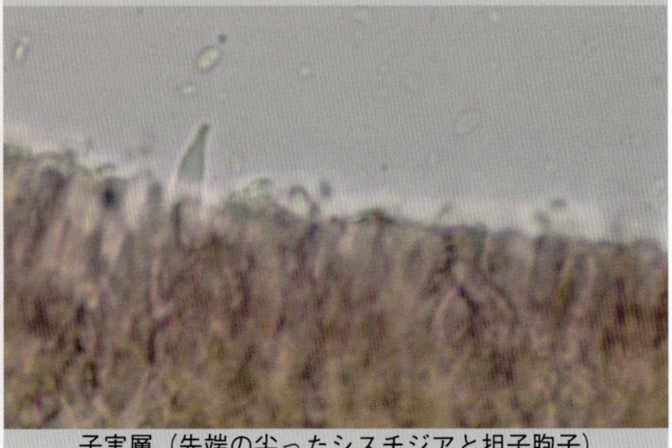

子実層（先端の尖ったシスチジアと担子胞子）

11 チヂレタケ

ヒダナシタケ目

学名：*Plicaturopsis crispa*（Pers.）D.A.Reid
科名：コウヤクタケ科（Corticiaceae）

　子実体は一年生、杓子形～扇形～半円形～円形、径 0.5 ～ 3cm、無柄あるいは短い柄を有し、しばしば群生する。傘の表面には短密毛があり、不明瞭な環紋があり、卵色～狐色、縁は色が薄い。子実層托はヒダ状、放射状に広がって分岐し、しばしば縮れ、白色～灰桜色。子実体の組織は 1 菌糸型、菌糸は無色～クリームイエロー、かすがい連結を有する。担子胞子はソーセージ形、無色、3 ～ 4 × 1 ～ 1.5μm。本菌の特徴はヒダが縮れた茶色い小型の子実体を多数形成することである。傘を構成する菌糸は厚壁だが、かすがい連結を有するので骨格菌糸ではない。

樹種：広葉樹、特にサクラ類
腐朽型：枝や幹の心材腐朽；白色腐朽
分布：全国

被害木（ソメイヨシノ）

子実体の裏面（ヒダ）

子実体

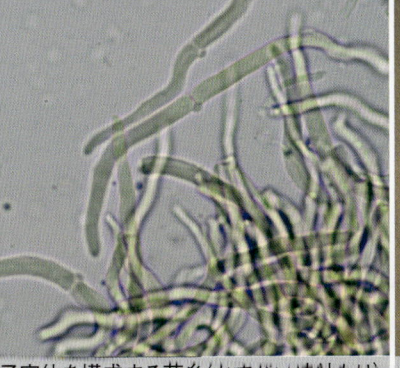
子実体を構成する菌糸（かすがい連結あり）

培養菌そう

12 ヒダナシタケ目 サガリハリタケ

学名：*Radulodon copelandii*（Pat.）N. Maek.
科名：コウヤクタケ科（Corticiaceae）

　子実体は一年生、背着生、不定型に広がり、基質に固着し剥がれにくく、白色～淡黄色～狐色、縁は薄い。子実層托は針状、針は密生し、先端が尖り、長さ0.5～1cm、直径1mm程度、乾燥すると褐色を呈する。子実体を構成する菌糸は1菌糸型、原菌糸は無色、かすがい連結を有する。担子胞子は類球形、無色、5.5～7×5～6μm。本菌は背着生で、長い針が密生するのが特徴である。

樹種：広葉樹
腐朽型：枝や幹の心材腐朽；白色腐朽
分布：全国

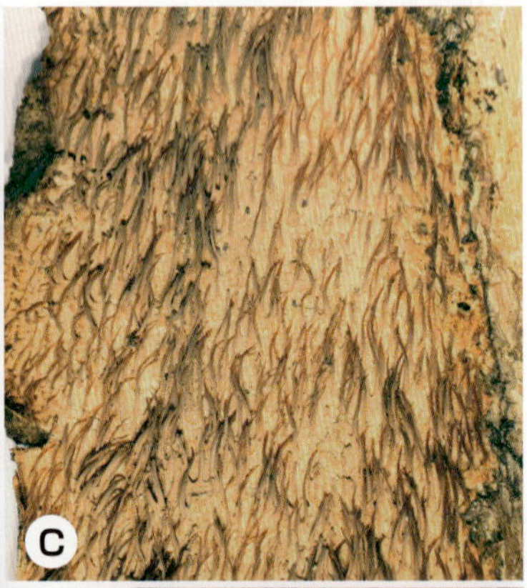

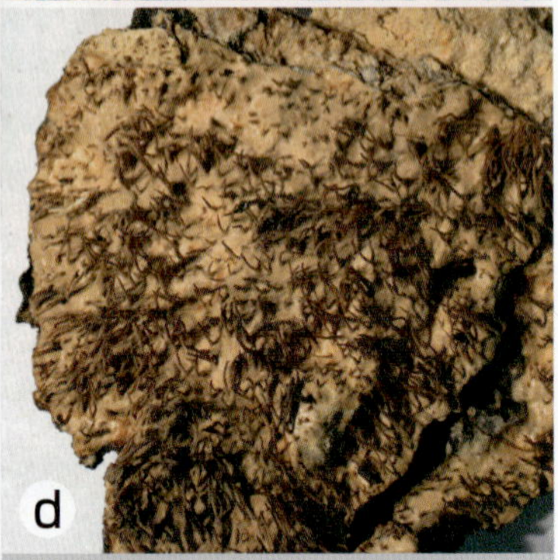

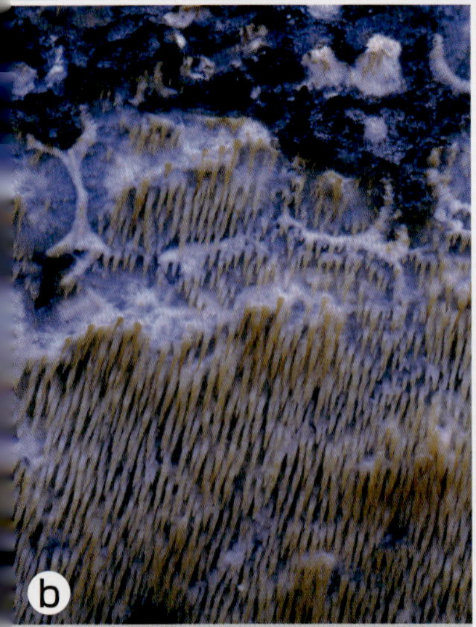

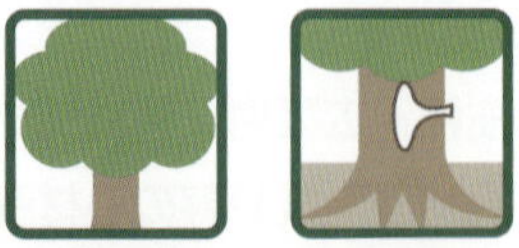

a・b 被害木に形成された子実体
担子胞子 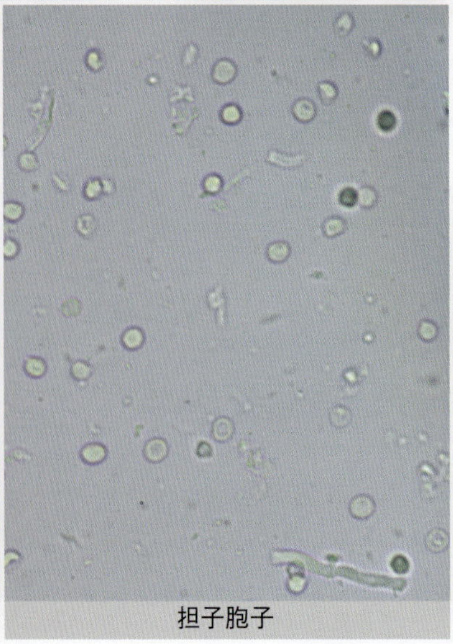 
c・d 乾燥した子実体
培養菌そう

写真a・b提供：群馬県野生きのこ同好会会長　須田隆

13 アナタケ

ヒダナシタケ目

学名：*Schizopora flavipora*（Berk. & M.A. Curtis ex Cooke）Ryvarden
科名：コウヤクタケ科（Corticiaceae）

　子実体は一年生、背着生で樹皮や材上に不定型に広がり、白色～クリーム色～枯色、厚さは最大で3mm程度。子実層托は管孔状、孔口は角形～迷路状、1mm間に3～5個。子実体組織は1菌糸型、原菌糸はかすがい連結を有する。子実層には先端が球形の特徴ある菌糸が存在する。担子胞子は楕円形、無色、3.5～5×2.5～3.5μm。本菌の子実体は白色～クリーム色で、背着生、子実層托が角形～迷路状となることが特徴である。

樹種：広葉樹
腐朽型：枝や幹の心材腐朽；白色腐朽
分布：全国

c・d 子実体

a・b 被害木（オオヤマザクラ）　　子実層に見られる先端が球形の菌糸（矢印） 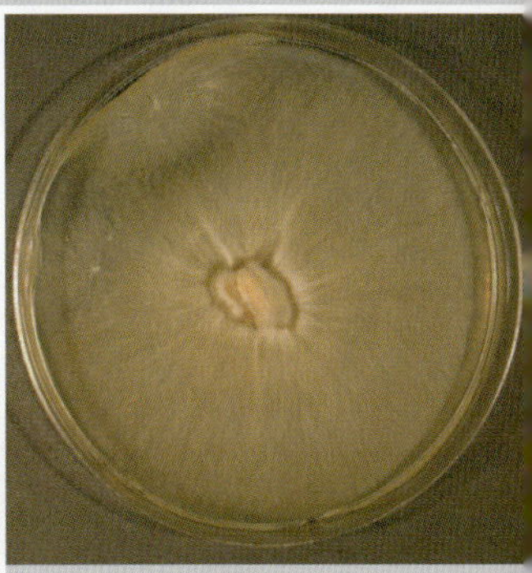　　培養菌そう

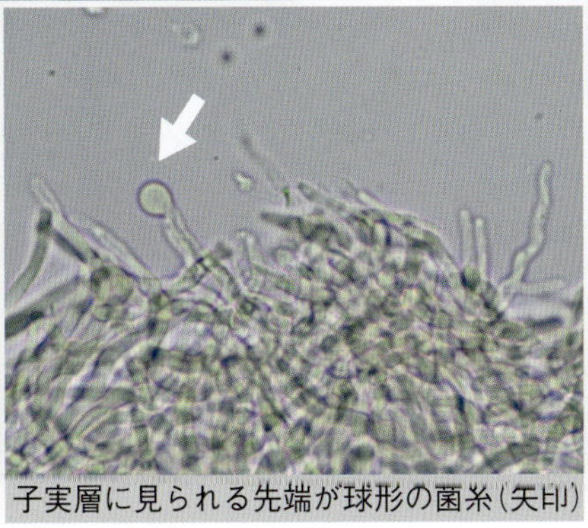

14 ウスバタケ

ヒダナシタケ目

学名：*Irpex lacteus*（Fr.: Fr.）Fr.
科名：ニクハリタケ科（Steccherinaceae）

子実体は樹皮や材上に不定型に薄く広がり、上縁が反転して幅の狭い傘を形成する（半背着生）。傘表面は白色、短毛を有し、環紋がある。子実層托は薄く短い歯牙状、長さ1〜2mm、白色〜クリーム色。子実体の組織は2菌糸型、原菌糸はかすがい連結を欠く。子実層には先端に結晶を被る厚壁のシスチジアが多数存在する。担子胞子は楕円形〜円筒形、無色、4〜6×2〜3μm。本菌は子実体が半背着生で子実層托が歯牙状となることが特徴である。

樹種：広葉樹
腐朽型：枝や幹の心材腐朽；白色腐朽
分布：全国

被害木（シンジュ）

乾燥した子実体

子実層托（薄歯状）

子実体

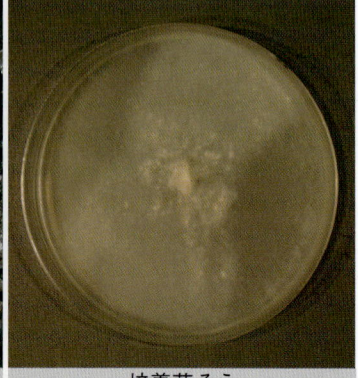

培養菌そう

15 カンゾウタケ

学名：*Fistulina hepatica*（Schaeff.: Fr.）With.
科名：カンゾウタケ科（Fistulinaceae）

ヒダナシタケ目

　子実体は一年生、扇形～へら形、短柄を有するか無柄、径 10～20cm、厚さ 2～3cm。傘の表面は緋色～赤茶色、微細な突起があり、無環紋。子実層托は管孔状、サーモンピンク、1本1本の管孔がストロー状に分かれており、直径 0.2mm 前後、長さ 0.5～1cm。肉は柔らかく、赤色の汁を多く含み、緋色と白色の筋模様を呈する。子実体の組織は 1 菌糸型、原菌糸は無色、かすがい連結を有する菌糸と欠く菌糸がある。担子胞子は卵形、無色、4～5×2.5～3μm。夏期にスダジイなどの幹に発生する。子実体は鮮やかな赤色で柔らかく、赤色の汁液を多く含むことが特徴である。しばしば食用にされる。

樹種：シイ、カシ等広葉樹
腐朽型：幹心材腐朽；褐色腐朽
分布：全国

a～d　被害木に発生した子実体

培養菌そう

27

カンゾウタケ科

16 マツオウジ

ヒダナシタケ目

学名：*Neolentinus lepideus*（Fr.）Readhead & Ginns
科名：サルノコシカケ科（Polyporaceae）

　子実体は一年生、傘と柄を有し、柄は中心生～やや偏心生、傘はマンジュウ形～平らに開き、径 5 ～ 20cm。傘の表面は白色～クリーム色で、黄金色～土色～茶色の鱗片が同心円状に並ぶ。子実層托はヒダ状、ヒダは湾生～垂生、白色。柄は太く、白色～クリーム色、ささくれた茶色の鱗片を有し、ツバはほとんどない。傘肉は強靱な肉質、白色、ヤニ臭い。子実体の組織は 2 菌糸型、原菌糸は無色、かすがい連結を有する。担子胞子は円筒形、10 ～ 11 × 4 ～ 5 μm。本菌はマツの切り株にしばしば発生するが、子実体が大型で強靱、ヤニ臭いことが特徴である。

樹種：針葉樹、特にマツ類
腐朽型：幹心材腐朽；褐色腐朽
分布：全国

被害木（アカマツ）

a～c 被害木に発生した子実体

17 ヒトクチタケ

ヒダナシタケ目

学名：*Cryptoporus volvatus*（Peck）Shear
科名：サルノコシカケ科（Polyporaceae）

　子実体は一年生、ハマグリ形、無柄あるいは短柄を有し、幅1〜4cm、厚さ1〜3cm、しばしば穿孔虫の脱出孔から発生する。傘の表面は無毛、光沢を有し、黄色〜栗色、裏面は白色〜黄色の薄い膜で覆われ、基部の近くに楕円形の穴がある。子実層托は管孔状、管孔は裏面の薄膜の内側にあり、はじめ白色、のちにストロー（麦わら）色〜茶鼠色、孔口は円形、1mm間に3〜5個。子実体の組織は3菌糸型、原菌糸は無色、かすがい連結を有する。担子胞子は楕円形、無色、10〜13×4〜6μm。本菌は1年以内に枯死したマツに発生し、翌年からは発生しない。文献では白色腐朽を起こすとされているが、枯死した直後のマツなどに侵入するパイオニア的な菌で、腐朽力はほとんどないと考えられる。

樹種：針葉樹、特にマツ類
腐朽型：幹や枝の辺材腐朽；白色腐朽
分布：全国

上：上面、下：裏面（管孔を被う薄膜、穴がある）

a・b 枯れたマツに発生した子実体

子実体の断面

培養菌そう

18 シロアメタケ

ヒダナシタケ目

学名：*Tyromyces fissilis*（Berk. & M.A. Curtis）Donk
科名：サルノコシカケ科（Polyporaceae）

　子実体は一年生、坐生、無柄、基部は幅広く付着し、半円形〜棚状、幅5〜20cm、厚さは1〜5cm、しばしば数個の子実体が重なって発生する。傘の表面は無毛、ワックス質、環紋なし、生時は白色、乾燥すると狐色〜茶色に、縁は焦茶色〜黒色になる。肉は多湿、白色、柔軟、乾燥するとストロー（麦わら）色。子実体の組織は1菌糸型、原菌糸は無色、かすがい連結を有する。子実層托は管孔状、管孔は生時白色、乾燥すると茶色、長さ0.5〜2.5cm、孔口は円形、白色〜角形、乾時茶色〜褐色、1mm間に1〜3個。担子胞子は広楕円形、無色、4〜6×3〜4μm。本菌の子実体は大型で、生時は白色だが乾くと傘の表面は狐色〜茶色に変色し、管孔部は茶色〜褐色に変色して膠状になること、白紙の上に置くと汁液が出て茶色のしみがつくことが特徴である。

樹種：広葉樹、クリ、リンゴ、ブナ等
腐朽型：幹心材腐朽；白色腐朽
分布：温帯に分布

a・b　被害木に発生した子実体

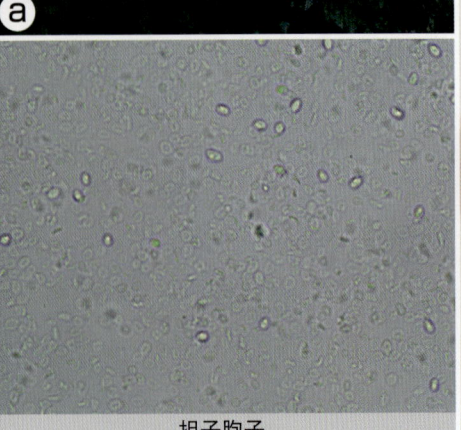

担子胞子

乾燥し変色した子実体（左：裏面、右：傘面）

19 ヤニタケ

学名：*Ischnoderma resinosum*（Schrad.）P. Karst.
科名：サルノコシカケ科（Polyporaceae）

ヒダナシタケ目

　子実体は一年生、坐生～半背着生、傘は半円形～棚状、幅5～30cm、厚さ1～2cm、しばしば多くの傘が重なって形成される。傘の表面は細密毛を帯び、狐色～茶色、黒茶色、明瞭な環紋と環溝を有する。傘肉（さんにく）は生時水分を多く含み肉質、乾くとコルク質、ベージュ～小麦色。子実層托は管孔状、灰白色～枯草色、傷つけると褐色になる。子実体の組織は2菌糸型、原菌糸は無色～琥珀色、かすがい連結を有する。担子胞子はソーセージ形、5～6×1.5～2μm。本菌は茶色の大型の子実体を形成し、生時アニス臭を有し、管孔面を傷つけると変色するのが特徴である。

樹種：針葉樹、広葉樹
腐朽型：幹心材腐朽；白色腐朽
分布：全国、特に温帯地域

a・b　地際部に発生した子実体

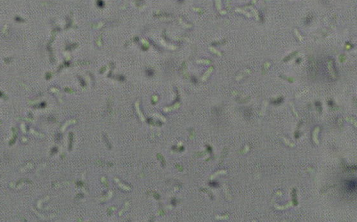

子実体の裏面（管孔面）

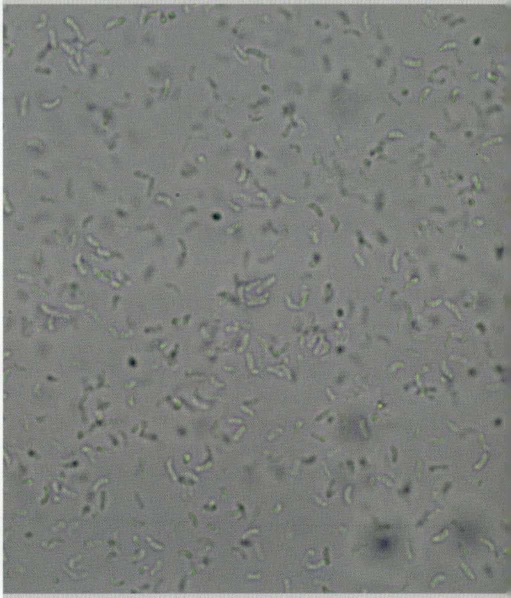

担子胞子

サルノコシカケ科

20 ヒダナシタケ目 シハイタケ

学名：*Trichaptum abietinum*（Dicks: Fr.）Ryvarden
科名：サルノコシカケ科（Polyporaceae）

　子実体は一年生、半背着生で薄く、革質、傘は半円形、幅1～5cm、多数重なって形成される。傘の表面には短毛があり、白色～灰白色、不明瞭な環紋を有する。子実層托は浅い管孔状、梅鼠色（うめねず）（色サンプル ■ ）～薄色、孔口は円形～角形だが縁に近い部分は歯牙状、1mm間に2～3個。子実体の組織は2菌糸型、原菌糸は無色、かすがい連結を有する。子実層には先端に結晶を付着したシスチジアが多数存在する。担子胞子は湾曲した円筒形～ソーセージ形、無色、5～7×2～3μm。本菌は薄い半背着生の子実体を多数形成し、子実層托が浅い管孔状で、紫色を帯びることが特徴である。ウスバシハイタケは本種に似るが、子実層托が薄歯状に裂けて管孔状にならないことで区別できる。

樹種：針葉樹、特にマツ属
腐朽型：枯死木の幹辺材腐朽；白色孔状腐朽
分布：全国

a・b 子実体

子実体（傘表面）

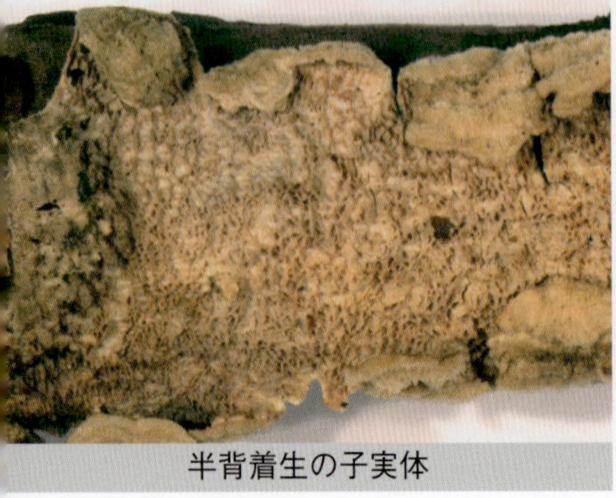

半背着生の子実体

子実体の裏面（管孔状）

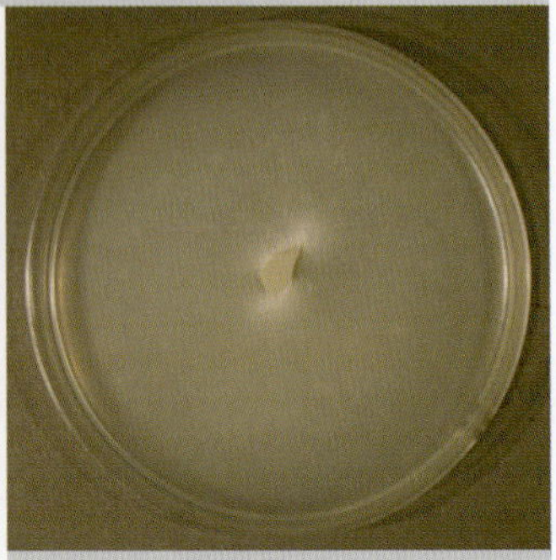

培養菌そう

21 ハカワラタケ

ヒダナシタケ目

学名：*Trichaptum biforme*（Fr.）Ryvarden
科名：サルノコシカケ科（Polyporaceae）

　子実体は一年生、扇形〜半円形、無柄だが基部があり、幅1〜6cm、厚さ1〜2mm。傘の表面は短密毛を帯び、白色、灰白色、狐色、小豆色等の明瞭な環紋を有する。子実層托ははじめ浅い管孔状、のちに乱れて歯牙状となり、はじめはパステルピンク、のちにコルク色〜茶色となる。子実体の組織は2菌糸型、原菌糸は無色、かすがい連結を有する。子実層には先端に結晶が付着したシスチジアが存在する。担子胞子は円筒形、無色、5〜7×2〜2.5μm。本菌は広葉樹に発生し、子実層托が薄歯状で紫色を帯びることが特徴である。子実層托が最初から白色のものをシロバカワラタケと呼んでいる。シロバカワラタケをハカワラタケと同種であるとする説もあるが、まだ結論は出されていない。

樹種：広葉樹
腐朽型：枝や幹の心材腐朽；白色腐朽
分布：全国

被害木（ソメイヨシノ）

被害木に発生した子実体

子実体

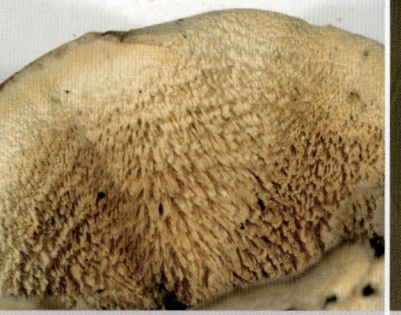
子実体の裏面（薄歯状）

培養菌そう

22 ニクウスバタケ

ヒダナシタケ目

学名：*Cerrena consors*（Berk.）K.S. Ko & H.S. Jung
科名：サルノコシカケ科（Polyporaceae）

　子実体は一年生、半背着生で上部が反転して傘を作り、多数の傘が重なって形成される。傘は半円形〜貝殻状、無毛、橙色〜狐色、幅1〜3cm、肉は薄く、革質。子実層托は薄歯状、長さ1〜2.5mm、白色〜肌色〜枯草色。子実体の組織は3菌糸型、原菌糸は無色、かすがい連結を有する。担子胞子は楕円形、無色、4.5〜6×2〜3μm。本菌は半背着生で薄茶色の傘を形成し、子実層托が薄歯状を呈するのが特徴である。

樹種：広葉樹、特にナラ類
腐朽型：幹心材腐朽；白色腐朽
分布：本州、四国、九州

被害木に発生した子実体

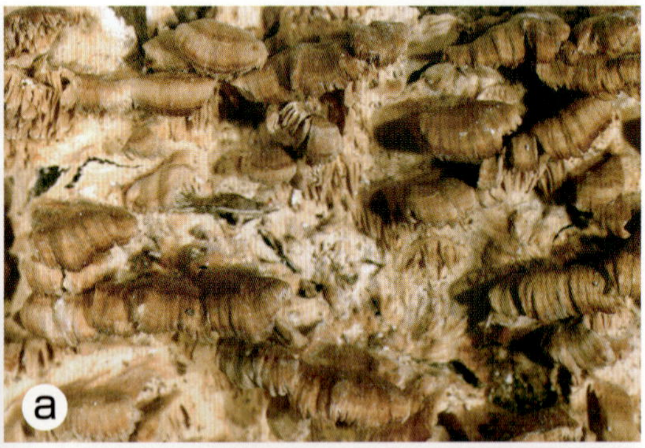

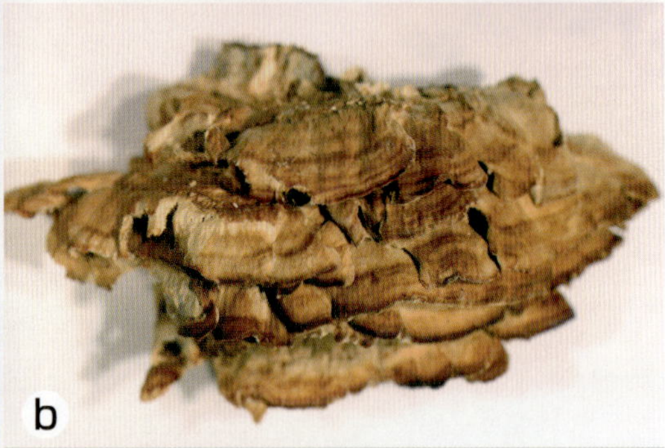

a・b 子実体

被害木に発生した子実体（裏面）

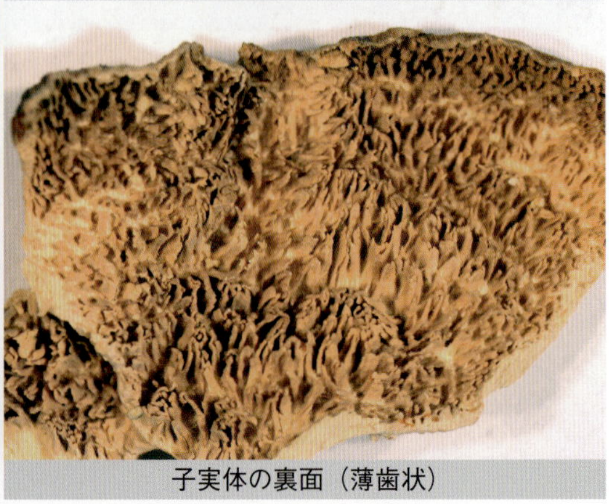

子実体の裏面（薄歯状）

23 ミダレアミタケ

ニダナシタケ目

学名：*Cerrena unicolor*（Bull.: Fr.）Murrill
科名：サルノコシカケ科（Polyporaceae）

　子実体は一年生、坐生〜半背着生、無柄、傘は半円形〜棚状、幅2〜8cm。傘の表面は灰白色〜小麦色、しばしば藻類が付着し緑色となる、軟毛を有し、環紋と環溝を有する。子実層托ははじめ迷路状、のち薄歯状、錬色〜焦茶色、長さ1〜4mm。傘肉は薄く、厚さ1mm以下、毛被の下に褐色の帯線が存在する。子実体の組織は3菌糸型、原菌糸は無色、かすがい連結を有する。担子胞子は円筒形〜楕円形、3.5〜5×2.5〜3.5μm。本菌の傘は一見カワラタケに似るが、子実層托が薄歯状になり、傘肉が帯線で2層に分かれるのが特徴である。ヒラアシキバチは本菌と共生関係にあり、菌糸断片を体内の菌のうに保持し、産卵時に菌も同時に樹木に植え付けることが知られている。

樹種：広葉樹
腐朽型：幹や枝の心材腐朽；白色腐朽
分布：全国

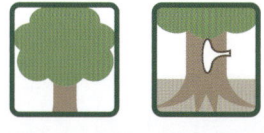

a〜c 被害木に発生した子実体　　子実体の裏面（薄歯状）　　培養菌そう

サルノコシカケ科

35

24 カイガラタケ

ヒダナシタケ目

学名：*Lenzites betulina*（L.: Fr.）Fr.
科名：サルノコシカケ科（Polyporaceae）

　子実体は一年生、坐生、無柄、傘は半円形～扇形、横幅2～10cm、厚さ0.3～1cm。傘表面には軟毛が密生し、灰色～クリーム色～狐色～褐色からなる環紋がある。子実層托はヒダ状、しばしば互いに連絡する。子実体の組織は3菌糸型、原菌糸は無色、かすがい連結を有する。子実層に剣状の先の尖った厚壁の菌糸が多数存在する。担子胞子は湾曲した円筒形～ソーセージ形、無色、5～6×2～3μm。本菌の子実層托は比較的硬いヒダ状で、子実層には剣状の菌糸が多数存在するのが特徴である。

樹種：広葉樹
腐朽型：幹や枝の心材腐朽；白色腐朽
分布：全国

枝に発生した子実体

子実体の傘面

未熟なヒダ

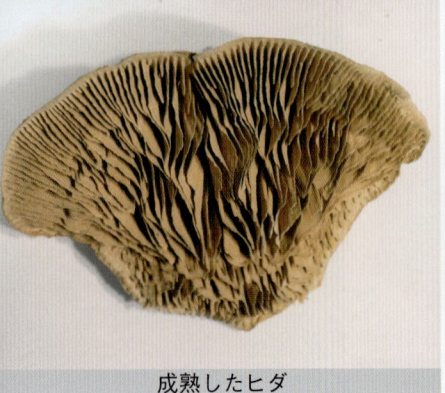

成熟したヒダ

子実層の剣状菌糸

培養菌そう

25 ウサギタケ

ニダナシタケ目

学名：*Trametes trogii* Berk. in Trog.
科名：サルノコシカケ科（Polyporaceae）

　子実体は一年生、坐生だが基部は垂生、無柄、傘は半円形で基部は厚く、径2〜8cm、厚さ1〜3cm、しばしば多数の傘が重なって形成される。傘表面には粗い毛の束が密生し、クリーム色〜狐色〜褐色、無環紋あるいは不明瞭な環紋を有する。肉は白色〜クリーム色。子実層托は管孔状、孔口は角形〜迷路状、1mm間に2〜3個。子実体組織は3菌糸型、原菌糸はかすがい連結を有する。担子胞子は円筒形、無色、8〜12×3.5〜4μm。本菌は傘の上に粗毛を有し、基部が垂生することが特徴である。

樹種：広葉樹、特にヤナギ科の樹木に多く発生する
腐朽型：幹や枝の心材腐朽；白色腐朽
分布：北海道、本州。温帯に分布する

a

子実体の傘面

子実体の裏面（管孔状）

b

a・b 被害木（シダレヤナギ）に発生した子実体

培養菌そう

26 ヒダナシタケ目

オオチリメンタケ
学名：*Trametes gibbosa*（Pers.: Fr.）Fr.
科名：サルノコシカケ科（Polyporaceae）

　子実体は一年生、坐生、無柄、傘は半円形、横幅5～15cm、厚さ1～5cm。傘表面は白色～クリーム色～灰色、環溝や環紋を有し、しばしば藻類の付着により緑色を呈する。子実層托は管孔状、白色～枯色、孔口は円形～角形～放射状に溝状～迷路状。傘肉は白色～クリーム色。子実体の組織は3菌糸型、原菌糸はかすがい連結を有する。担子胞子は楕円形、無色、4～6×2～3μm。本菌の子実体は半円形で比較的大型で、傘の表面にしばしば藻類が付着して緑色を呈し、孔口はしばしば放射状に長くなるのが特徴である。

樹種：広葉樹
腐朽型：幹心材腐朽；白色腐朽
分布：全国、特に北日本や標高の高い地域に多い

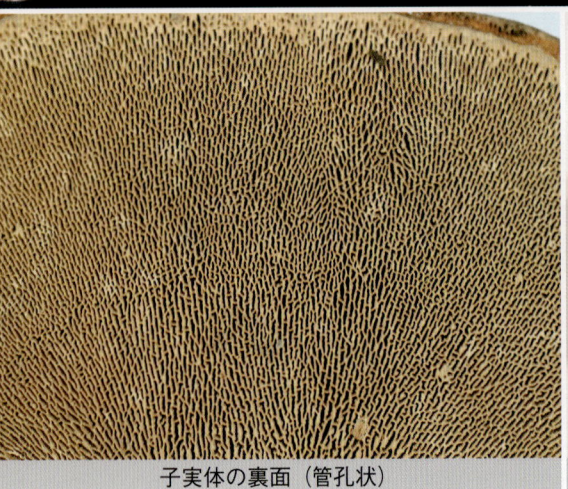

a・b 子実体

子実体の裏面（管孔状）

子実体の傘面

Column

針葉樹の腐朽菌と褐色腐朽

　緑化樹木はマツ類やイチョウなどを除けば大半が広葉樹であり、本ハンドブックで取り上げた木材腐朽菌のほとんどは広葉樹の腐朽病害を起こす種である。一方、森林には針葉樹も多く見られ、特に人工林に植栽されているのはほとんどが針葉樹である。針葉樹に発生する木材腐朽菌には、カワラタケやチャアナタケモドキのように本来は広葉樹に発生する種がたまに針葉樹に発生する場合もあるが、多くは針葉樹だけを宿主としている木材腐朽菌である。

　例えば、モミ類の幹腐朽を起こすモミサルノコシカケ、エゾマツなどの幹腐朽を起こすエゾサルノコシカケ、カラマツなどの根株腐朽を起こすカイメンタケ、ハナビラタケ、レンゲタケは針葉樹だけに見られる代表的な木材腐朽菌である。中でもカイメンタケは様々な針葉樹に発生し木材腐朽力も大きいので、林業上最も重要な種である。緑化樹木の腐朽菌の横綱を選ぶとすればベッコウタケが挙げられるが、造林木の腐朽菌の横綱はカイメンタケであろう。

　カイメンタケは根株心材の褐色腐朽を起こすが、針葉樹の腐朽病害を起こす菌にはカイメンタケの様に褐色腐朽を起こす種が少なくない。広葉樹の場合は腐朽を起こすのは大半が白色腐朽菌であり、シイ類の腐朽を起こすアイカワタケやカンゾウタケなどもあるが、褐色腐朽菌はむしろ少数派である。また、樹木が生きている時だけではなく丸太や用材となっても、針葉樹材にはキカイガラタケ、イドタケ、ナミダタケなどの褐色腐朽菌が多く発生する。公園の木製ベンチや街路樹の添え木などには針葉樹材が使われているが、古くなって腐朽している材を観察すると、ほとんどは褐色腐朽を起こしている。なぜ針葉樹には広葉樹に比べて褐色腐朽が多いのだろうか。

　これはひとつには針葉樹材と広葉樹材の化学構造の違いによると考えられる。ご存知のように木材はセルロース、ヘミセルロースとリグニンから構成されている。これらの構成要素のうちリグニンは針葉樹材と広葉樹材では種類が異なっている。針葉樹材のリグニンはほとんどがグアイアシルリグニンであり、広葉樹材にはグアイアシルリグニンも存在するが別のリグニン、すなわちシリンギルリグニンがより多く含まれている。針葉樹のグアイアシルリグニンは広葉樹のシリンギルリグニンに比べ難分解性である。そこで、針葉樹に発生する木材腐朽菌の一部は、木材中の分解しにくいグアイアシルリグニンを残し、エネルギー源となるセルロースだけを分解し吸収するという非常に巧妙な方法を身につけたらしい。樹木と木材腐朽菌との長い時間をかけた共進化の結果このようになったと考えると極めて興味深い。

カワラタケ

27 ヒダナシタケ目 カワラタケ

学名：*Trametes versicolor*（L.: Fr.）Pilát
科名：サルノコシカケ科（Polyporaceae）

　子実体は一年生、坐生、無柄、半円形、幅2～7cm、厚さ1～2mm、多数の傘が重なって形成される。傘面の色は変化に富み、灰色、黄茶色、褐色、黒色等の環紋を形成し、短毛が密生する。肉は薄く強靱、白色。子実層托は管孔状、白色～灰色、孔口は円形、1mm間に3～5個。子実体の組織は3菌糸型、原菌糸は無色、かすがい連結を有する。子実層には異形細胞は存在しない。担子胞子はやや湾曲した円筒状、無色、5～7×1.5～2.5μm。

　本菌は最も普遍的に見られる木材腐朽菌である。多種の広葉樹に発生するが、針葉樹にも発生する。本菌は形態的変異が大きく、傘の色は黒色～灰色～薄茶色など様々であり、管孔の大きさにも変異が見られる。類縁種にカワラタケモドキがあるが、これらの種を含めて分類学的再検討を行うことが望まれる。木材腐朽力は強く、オオウズラタケとともにJIS木材耐朽性試験の標準菌株に指定されている。

樹種：広葉樹、針葉樹
腐朽型：幹や枝の心材腐朽；白色腐朽
分布：全国（暖温帯以北）

被害木（ヒガンザクラ）

幹に発生したカワラタケ

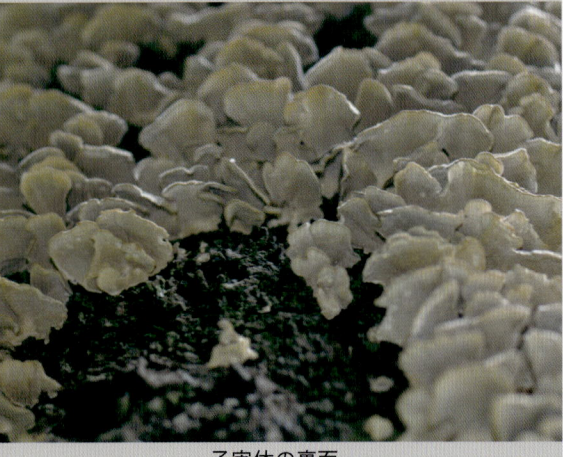

子実体の裏面

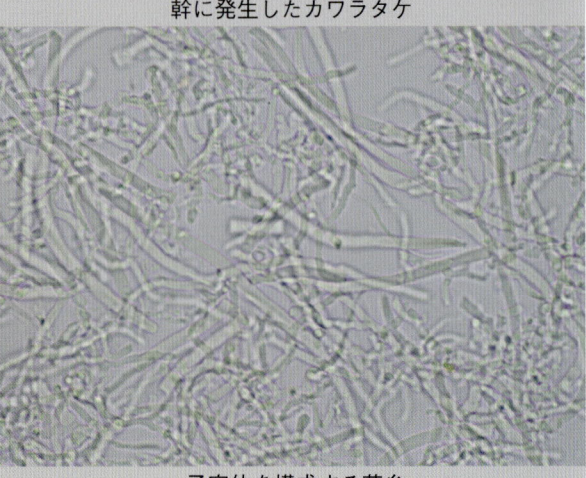

子実体を構成する菌糸

a〜f　幹や枝に発生した子実体（aの下部の子実体はコフキタケ）

サルノコシカケ科

28 クジラタケ

ヒダナシタケ目

学名：*Trametes orientalis*（Yasuda）Imazeki
科名：サルノコシカケ科（Polyporaceae）

　子実体は一年生、半円形、無柄、幅は5～20cm、厚さ0.5～1cm、しばしば多数の傘が重なって発生する。傘面は灰白色～茶鼠色、はじめは平坦だが後にしわ状を呈する、無環紋。肉は白色～練色、強靭。子実層托は管孔状、白色～練色、管孔は長さ1～5mm、孔口は円形、1mm間に2～3個。子実体の組織は3菌糸型、原菌糸は無色、かすがい連結を有する。担子胞子は円筒形、無色、5～7×2～3μm。本菌は比較的大型で肉厚、灰色味を帯びた子実体を形成し、管孔は小さな円形で、オオチリメンタケやホウロクタケのように迷路状にはならないことが特徴である。

樹種：広葉樹
腐朽型：幹心材腐朽；白色腐朽
分布：全国

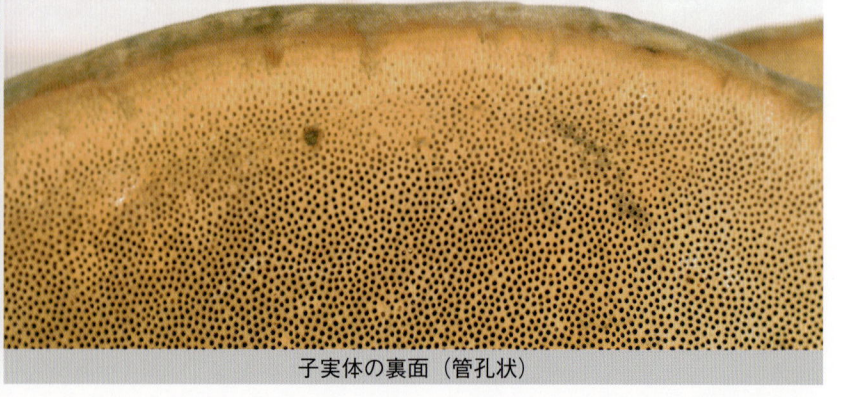

a・b 被害木（サクラ類）と子実体

子実体の傘面

培養菌そう

子実体の裏面（管孔状）

29 シロアミタケ

ヒダナシタケ目

学名：*Trametes suaveolens* L.: Fr.
科名：サルノコシカケ科（Polyporaceae）

　子実体は一年生、坐生、無柄、半円形で丸山形、幅5～12cm、厚さ1～3cm。傘の表面は白色～灰白色～バフ色（色サンプル　　）、微細な軟毛を被るか無毛、環紋はない。肉は白色～肌色、木質。子実層托は管孔状、管孔は長さ0.5～1.5cm、孔口は円形～角形、白色～肌色、1mm間に1～3個。子実体の組織は3菌糸型、原菌糸は無色、かすがい連結を有する。担子胞子は円筒形、無色、8～10×3～4.5μm。本菌は白色系の肉厚でやや硬い子実体を形成し、生時は強いアニス臭を有するのが特徴である。ヤナギ属樹木に多く発生する。

樹種：広葉樹、特にヤナギ属樹木
腐朽型：幹や枝の心材腐朽；白色腐朽
分布：全国、特に温帯地域

a～d　被害木に発生した子実体

培養菌そう

サルノコシカケ科

30 ヒイロタケ

ヒダナシタケ目

学名：*Pycnoporus coccineus*（Fr.）Bondartsev & Singer
科名：サルノコシカケ科（Polyporaceae）

子実体は一年生、坐生、扇形〜半円形、幅3〜10cm、厚さ3〜7mm。傘の表面は無毛、鮮やかな朱色〜緋色、平滑、環紋は不明瞭、縁は薄い。子実層托は管孔状、朱色〜緋色、孔口は円形、微細、1mm間に6〜8個。傘肉はコルク質、朱色。子実体の組織は3菌糸型、無色、かすがい連結を有する。担子胞子は湾曲した円筒形、4〜5×2〜2.5μm。本菌の子実体は鮮やかな朱色を呈するが、同じ色を有するシュタケと混同されやすい。ヒイロタケは主に暖温帯に分布し、シュタケはブナ帯以北の温帯に分布する。ヒイロタケの管孔は微細で肉眼で観察することは難しいが、シュタケは管孔が大きく（1mm間に2〜3個）、肉眼で確認できる点で区別される。

樹種：広葉樹、針葉樹
腐朽型：幹や枝の心材腐朽；白色腐朽
分布：本州以南

被害木（サクラ類）

被害木（ウメ）

ヒイロタケの管孔面（孔口は小さい）

子実体の傘面

培養菌そう

シュタケの管孔面（孔口は大きい）

31 チャカイガラタケ

ヒダナシタケ目

学名：*Daedaleopsis tricolor*（Bull.: Fr.）Bondartsev & Singer
科名：サルノコシカケ科（Polyporaceae）

　子実体は一年生、坐生、半円形、幅2～8cm、厚さ0.5～1cm、しばしば多数の子実体が重なって発生する。傘の表面は無毛、褐色、黒茶色、土色等からなる明瞭な環紋を有する。子実層托はヒダ状、ヒダははじめ白色、のちに褐色、ヒダの幅は2～6mm。肉はコルク質、灰白色～ストロー（麦わら）色。子実体の組織は3菌糸型、原菌糸は無色、かすがい連結を有する。子実層には有棘糸状体が存在する。担子胞子は円筒形～ソーセージ形、無色、7～9×2～3μm。本菌はサクラ類に多く発生し、傘の表面に褐色系の色からなる顕著な環紋を有し、硬いヒダを有することが特徴である。

樹種：広葉樹、特にサクラ類
腐朽型：幹や枝の心材腐朽；白色腐朽
分布：全国

被害木（ソメイヨシノ）

ⓐ

子実体の裏面（ヒダ状）

ⓑ

a・b　子実体の傘面

32 ツリガネタケ

ヒダナシタケ目

学名：*Fomes fomentarius*（L.: Fr.）J.J. Kickx
科名：サルノコシカケ科（Polyporaceae）

子実体は多年生、坐生、小型と大型の2つのタイプがあり、小型は蹄形～釣鐘形、幅2～5cm、厚さ2～5cm程度、大型は丸山形～扁平な円形、幅は最大70cm、厚さは30cmに達する。傘の表面は無毛、環溝と灰白色、茶鼠色、枯草色、褐色などからなる環紋を有する。子実層托は管孔状、白色～灰白色、孔口は円形、1mm間に3～4個。傘肉はフェルト質、枯草色、傘の表面には褐色の殻皮がある。子実体の組織は3菌糸型、原菌糸は無色、かすがい連結を有する。担子胞子は円筒形で大型、無色、12～18×4～5μm。ツリガネタケの小型と大型タイプは別種と考えられているが、正式な報告はない。時にコフキタケと混同されるが、ツリガネタケの傘肉は枯草色であり、チョコレート色を呈するコフキタケと区別できる。

樹種：広葉樹
腐朽型：幹心材腐朽；白色腐朽
分布：全国、特に温帯域

小型の子実体

a・b 大型の子実体

子実体の断面

子実体の裏面

培養菌そう

33 ウズラタケ

学名：*Perenniporia ochroleuca* (Berk.) Ryvarden
科名：サルノコシカケ科（Polyporaceae）

ニダナシタケ目

　子実体は多年生と言われているが実際にはほとんどが一年生、坐生、無柄、蹄形、傘は半円形、径1～4cm、厚さ1～2cm。傘表面はクリーム色～枯草色、環紋を有する。肉はコルク質、白色～クリーム色。子実層托は管孔状、孔口は円形、1mm間に3～4個。子実体の組織は3菌糸型、原菌糸はかすがい連結を有する。担子胞子は一端が切形の卵形～楕円形、無色、12～15×6～10μm。本菌は比較的小さなクリーム色の子実体と、大型で一端が欠けた（切形）担子胞子を有することが特徴である。

樹種：広葉樹、特にウメやサクラ類などバラ科樹木に多く発生する
腐朽型：幹や枝の心材腐朽；白色腐朽
分布：本州以南

被害木（ナシ）

a～c 子実体

担子胞子（一端が切形）

子実体の裏面（管孔状）

サルノコシカケ科

34 ベッコウタケ

ヒダナシタケ目

学名：*Perenniporia fraxinea*（Bull.: Fr.）Ryvarden
科名：サルノコシカケ科（Polyporaceae）

　子実体は一年生、初夏に鮮やかな黄色〜山吹色の原基が形成され、のちに成長して傘となり、坐生、半円形、無柄、幅5〜20cm、厚さ0.5〜2cm、しばしば数個の傘が重なって形成される。傘ははじめ黄色、のち琥珀色〜褐色〜黒色となり、中心部は濃色で周縁部は淡色、不明瞭な環紋と浅い環溝を有する。子実層托は管孔状、クリーム色〜灰白色〜白茶色、孔口は円形、微細、1mm間に6〜7個。傘肉は白茶色、強靱な繊維質。子実体の組織は2菌糸型、原菌糸は無色、かすがい連結を有する。担子胞子は一端の尖った類球形、無色、5〜7×4.5〜5.5μm。担子胞子とは別に、傘肉や腐朽材中などに類球形〜広楕円形の厚壁胞子が多数形成される。

　本菌は緑化樹木に発生する頻度が最も高い腐朽菌のひとつである。病原性が強いため根株腐朽を起こすだけではなく、しばしば樹木を枯死させる。特にエンジュやニセアカシアなどのマメ科樹木に多く発生する。欧米にも分布するが、樹木を枯死させたという報告はないので、日本産のベッコウタケとは別種かも知れない。

樹種：広葉樹、まれに針葉樹
腐朽型：根株心材腐朽；白色腐朽
分布：全国

a〜d　被害木地際部に形成された子実体

ベッコウタケ被害木の幹断面（心材腐朽）	幼菌
根返りを起こしたベッコウタケ被害木	培養菌そう
子実体傘肉に形成された厚壁胞子	担子胞子

サルノコシカケ科

35 シイサルノコシカケ（シイノサルノコシカケ）

ヒダナシタケ目

学名：*Loweporus tephroporus*（Mont.）Ryvarden
科名：サルノコシカケ科（Polyporaceae）

　子実体は多年生、背着生〜半背着生で狭い傘を作る、楕円形、長径7〜20cm、厚さ0.5〜3cm。傘が存在する場合は表面は粗面、環溝を有し、焦茶色〜黒茶色。子実層托は管孔状、はじめ灰白色、後に枯色〜茶鼠色〜焦茶色、孔口は円形、1mm間に4〜6個。肉は木質で硬く、朽葉色〜焦茶色。子実体の組織は3菌糸型、原菌糸は無色、かすがい連結を有する。担子胞子は一端が欠けた広楕円形、無色〜淡黄色、4.5〜6×3.5〜4.5μm。本菌はしばしばシイ類の太枝や幹の腐朽を起こし、子実体はほぼ背着生で硬く、灰色〜焦茶色を呈するのが特徴である。顕微鏡下では、骨格菌糸が茶鼠色〜朽葉色でデキストリノイド（メルツァー試薬で茶色に染まる）、担子胞子は一端が欠けた広楕円形でデキストリノイド、という点で他の種と区別できる。

樹種：広葉樹、特にシイ類
腐朽型：幹や枝の心材腐朽；白色腐朽
分布：本州以南、暖温帯から熱帯

a〜d　幹に発生した子実体

e・f 幹に発生した子実体

子実体の断面

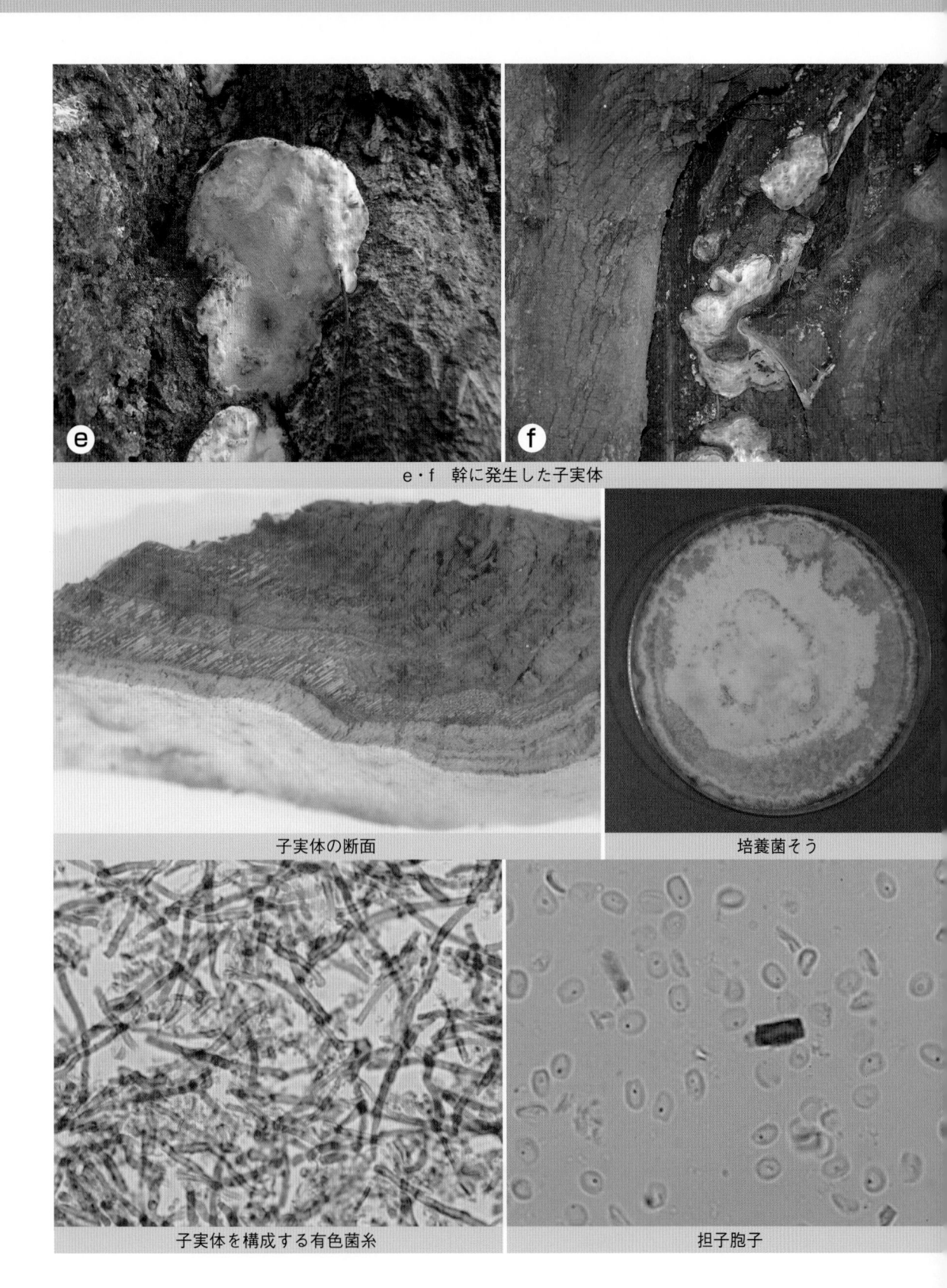

培養菌そう

子実体を構成する有色菌糸

担子胞子

サルノコシカケ科

36 ニレサルノコシカケ（オオシロサルノコシカケ）

ヒダナシタケ目

学名：*Rigidoporus ulmarius*（Sow.: Fr.）Imazeki
科名：サルノコシカケ科（Polyporaceae）

　子実体は多年生、坐生、無柄、半円形、横幅は最大で30cm、厚さは6cmに及ぶ。子実体は生時繊維質だが、乾くと強靱な革質となる。傘表面は白色～クリーム色～珊瑚色、平滑あるいは小さな突起が多数形成され、無環紋。子実層托は管孔状、白色～白茶色～薄桃色、1層～多層、管長は4～15mm、孔口は円形、1mm間に4～6個。子実体の組織は1菌糸形、原菌糸はかすがい連結を欠く。子実層にはシスチジアはない。担子胞子は類球形、無色、径は6～10μm。本菌は薄い色の大型の子実体を形成し、菌糸にかすがい連結を欠き、類球形の胞子を有することが特徴である。スギなど針葉樹に発生するものをオオシロサルノコシカケとして区別することがあるが、ニレサルノコシカケとの異同についてはまだ結論が出ていない。

樹種：広葉樹ではニレ類に多く発生し、針葉樹ではスギの老木に発生する
腐朽型：根株心材腐朽；白色腐朽
分布：全国

a・b 地際部に発生した未熟な子実体
子実体の断面 
c・d 子実体   
培養菌そう

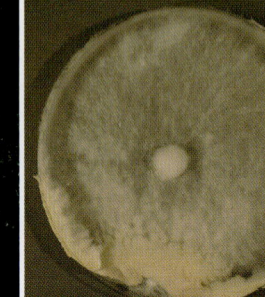

37 カイメンタケ

学名：*Phaeolus schweinitzii*（Fr.）Pat.
科名：サルノコシカケ科（Polyporaceae）

ニダナシタケ目

　子実体は無柄あるいは有柄。傘は半円形〜円形、径5〜30cm、厚さ0.5〜1cm。しばしば多数の傘が重なり合って形成される。傘の表面は土色〜褐色〜焦茶色、軟毛を密生し、環紋を有する。傘肉は褐色、生時は軟らかいが乾時はもろいウレタン状になる。子実層托は管孔状〜やや歯牙状、土色〜焦茶色、孔口は角形、1mm間に1〜2個。子実体の組織は1菌糸型、原菌糸は無色〜茶色、かすがい連結を欠く。担子胞子は広楕円形、無色、5〜8×3.5〜4.5μm。本菌は褐色で大型の、比較的もろい子実体を形成することが特徴である。針葉樹の根株腐朽を起こす腐朽菌の中では最も出現頻度が高く、腐朽力も大きい種である。カワウソタケ属（*Inonotus*）菌類と外見的に類似するが、カイメンタケは褐色腐朽を起こし、分類学上はかけ離れた存在である。

樹種：針葉樹、特にカラマツに多い
腐朽型：根株心材腐朽；褐色腐朽
分布：全国、温帯域に多く発生する

地際部に子実体が発生した被害木

子実体の傘面

子実体の裏面

切株上に発生した子実体

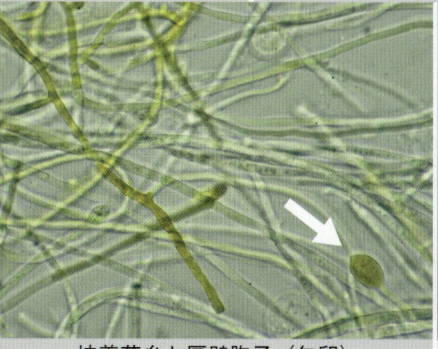

培養菌糸と厚壁胞子（矢印）

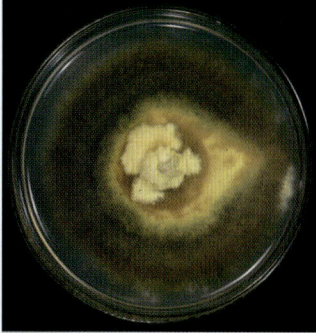

培養菌そう

サルノコシカケ科

38 アイカワタケ（ヒラフスベ）

ヒダナシタケ目

学名：*Laetiporus sulphureus*（Bull.: Fr.）Murrill
科名：サルノコシカケ科（Polyporaceae）

　子実体は一年生、坐生、半円形の傘を作り、無柄。傘は横幅10〜30cm、厚さ1〜3cm、傘は単独にあるいは数個が棚状に発達し、表面は鮮やかな黄色〜小麦色。傘肉は生時水分を多く含み、もろい肉質、黄色。子実層托は管孔状、傘表面と同色、孔口は1mm間に3〜5個。子実体組織は2菌糸型、原菌糸はかすがい連結を欠く。担子胞子は卵形〜楕円形、無色、5〜8×4〜5μm。傘が展開せず、コブ状〜げんこつ状、黄色〜小麦色〜土色の子実体はヒラフスベと呼ばれる。ヒラフスベは裏面に管孔を欠き、最後には子実体全体が崩れて粉状になるが、これは子実体を構成する菌糸が変形し、多数の厚壁胞子が内部に形成されるためである。

　従来アイカワタケとヒラフスベは別種と考えられてきたが、最近の遺伝子解析による研究で同じ種であることが明らかにされた。本菌の学名（ラテン名）は未だ確定しておらず、今後変更されると思われる。本菌は生時鮮やかな黄色を呈し、菌糸にかすがい連結を欠き、褐色腐朽を起こすことが特徴である。

樹種：広葉樹、特にスダジイ、コジイなどに多く発生する
腐朽型：幹や枝の心材腐朽；褐色腐朽
分布：全国、特に関東以西の暖温帯に多い

ヒラフスベ型（傘が開かずコブ状となる）の子実体

老熟したヒラフスベ型子実体

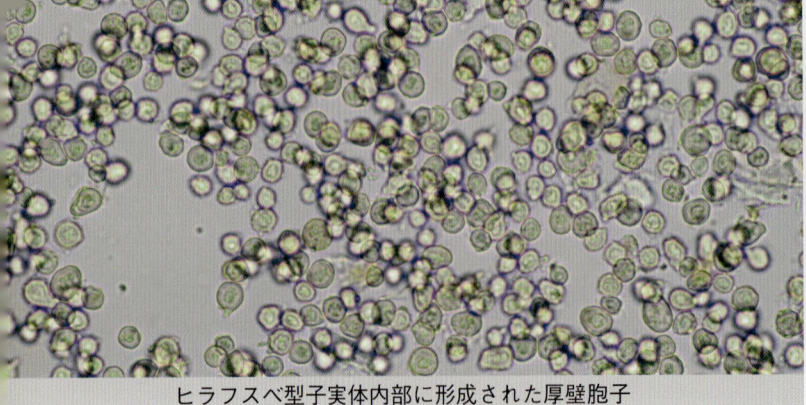

ヒラフスベ型子実体内部に形成された厚壁胞子

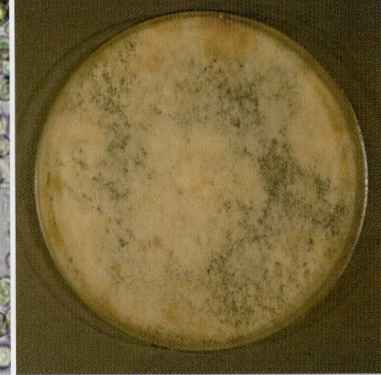

培養菌そう

幹に発生した子実体

a

b

c　a〜c　ヒラフスベ型の子実体

d

e　d・e　アイカワタケ子実体

サルノコシカケ科

39 マスタケ

ヒダナシタケ目

学名：*Laetiporus sulphureus*（Bull.: Fr.）Murrill var. *miniatus*（Jungh.）Imazeki
科名：サルノコシカケ科（Polyporaceae）

　子実体は一年生、坐生、半円形の傘を作り、無柄。傘は横幅10～30cm、厚さ1～3cm、傘は単独にあるいは数個が棚状に発達し、表面は鮮やかなサーモンピンク～クロームオレンジ。傘肉は生時は水分を多く含み、もろい肉質、ピンク～サーモンピンク。子実層托は管孔状、ネールピンク～サーモンピンク、孔口は1mm間に3～5個。子実体組織は2菌糸型、原菌糸は無色、かすがい連結を欠く。担子胞子は卵形～楕円形、無色、5～8×4～5μm。

　最近の遺伝子解析を用いた研究により、針葉樹に発生するマスタケ、広葉樹に発生するマスタケ、アイカワタケはそれぞれ別種らしいことが分かってきた。今後、本菌をはじめとする近縁種の学名（ラテン名）も含めて整理されると考えられる。本菌は子実体が鮮やかなマス色で、菌糸にかすがい連結を欠き、褐色腐朽を起こすことが特徴である。

樹種：広葉樹、針葉樹
腐朽型：幹心材腐朽；褐色腐朽
分布：全国、特に温帯域

a～d　幹に発生した子実体　　　　培養菌そう

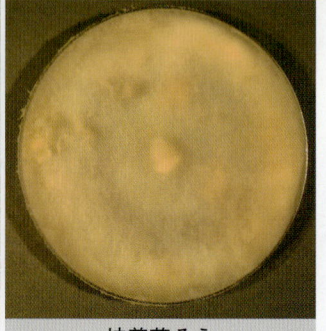

40 アオゾメタケ

学名：*Postia caesia*（Schrad.: Fr.）P. Karst.
科名：ツガサルノコシカケ科（Fomitopsidaceae）

ニダナシタケ目

　子実体は一年生、坐生、半円形の傘を作り、無柄。横幅は最大5～6cm、厚さは最大2cm程度。傘表面は薄藍色～白色、生時は水分を多く含み、柔軟。子実層托は管孔状、長さ2～10mm、傘表面と同色、孔口は1mm間に3～6個。子実体組織は1菌糸型、原菌糸はかすがい連結を有する。担子胞子はソーセージ形、無色、5～7×1.5μm。胞子紋は青みを帯びる。本菌は子実体が青白色で、水分を多く含み柔らかいことが特徴である。

樹種：針葉樹に多い
　　　　サクラ類など広葉樹にもしばしば発生する
腐朽型：枝や幹の心材腐朽；褐色腐朽
分布：全国

a・b 枝に発生した子実体

培養菌そう　　　　担子胞子（ソーセージ形）

ツガサルノコシカケ科

41 ホウロクタケ

ヒダナシタケ目
学名：*Daedalea dickinsii* Yasuda
科名：ツガサルノコシカケ科（Fomitopsidaceae）

　子実体は一年生～多年生、坐生、幅 5～20cm、厚さ 1～2.5cm。傘の表面は無毛、平滑あるいは小さないぼを形成し、ストロー（麦わら）色～枯草色～コルク色、しばしば中心部は褐色となり、環溝と不明瞭な環紋を形成する。子実層托は管孔状、ストロー色～枯草色、孔口は円形、1mm 間に 1～2 個、しばしば形がくずれて迷路状となる。傘肉はストロー色～枯草色、コルク質。子実体の組織は 3 菌糸型、原菌糸は無色、かすがい連結を有する。本菌は薄茶色のコルク質の子実体を形成することが特徴で、多くの樹種に発生し褐色腐朽を起こす。

樹種：広葉樹
腐朽型：幹心材腐朽；褐色腐朽
分布：全国

a～c　幹に発生した子実体

子実体の傘面　　子実体の裏面（管孔状）　　培養菌そう

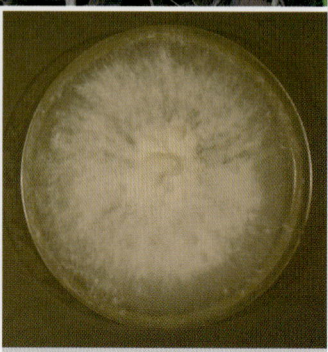

42 ツガサルノコシカケ

学名: *Fomitopsis pinicola* (Sw.: Fr.) P. Karst.
科名: ツガサルノコシカケ科（Fomitopsidaceae）

ニダナシタケ目

　子実体は多年生、坐生〜半背着生、丸山形〜扁平な半円形、幅は最大20cm程度。傘の表面は無毛、環溝と環紋を有し、はじめは練色（ねりいろ）で、のちに中心部から縁に向かって黒色〜焦茶色〜赤錆色〜白色を呈し、ニスを塗ったようになる。子実層托は管孔状、白色〜クリーム色、孔口は円形、1mm間に5〜6個。傘の肉は木質、クリーム色。子実体の組織は3菌糸型、原菌糸は無色、かすがい連結を有する。子実層にはこん棒状の細長いシスチジアが存在する。担子胞子は広楕円形、無色、6〜8×4〜5μm。本菌は所謂サルノコシカケ形の子実体を形成し、傘に鮮やかな赤錆色の環紋が現れるのが特徴である。

樹種：針葉樹、一部の広葉樹、特にサクラ類
腐朽型：幹心材腐朽；褐色腐朽
分布：全国、特に温帯域

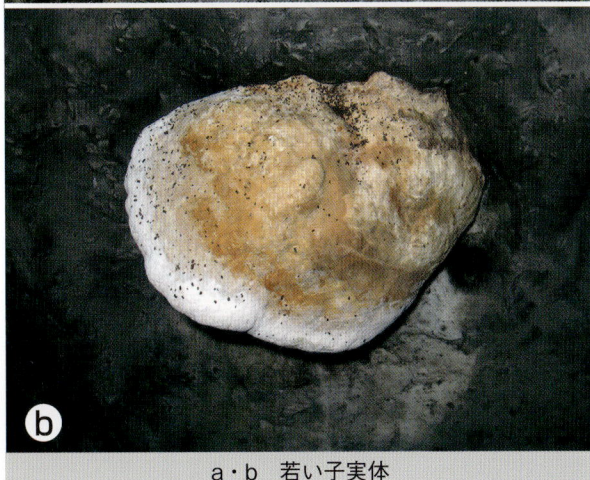

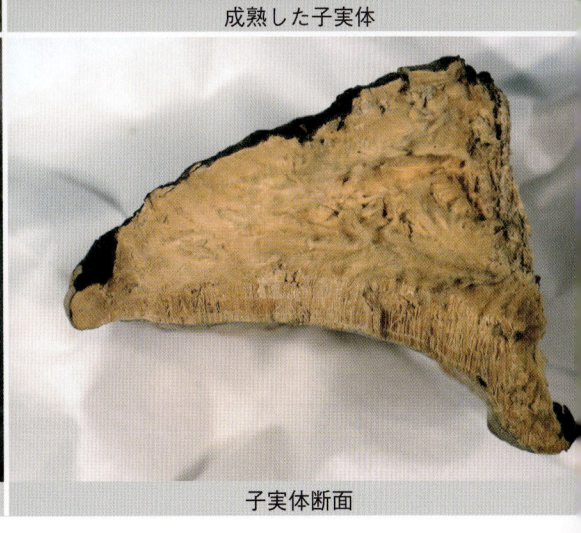

a・b 若い子実体
成熟した子実体
子実体断面

43 バライロサルノコシカケ

ヒダナシタケ目

学名：*Fomitopsis rosea*（Alb. & Schwein.: Fr.）P. Karst.
科名：ツガサルノコシカケ科（Fomitopsidaceae）

　子実体は多年生、坐生〜半背着生、傘は蹄形〜丸山形、幅1〜10cm。傘の表面には殻皮があり、滅紫色（けしむらさき）（色サンプル ■ ）〜焦茶色〜黒色、環溝を有する。子実層托は管孔状、桜色〜灰桜色、孔口は円形〜角形、1mm間に3〜5個。傘肉は木質、灰桜色。子実体の組織は2菌糸型、原菌糸は無色、かすがい連結を有する。担子胞子は円筒形、無色、6〜9×2〜3μm。本菌は管孔面がピンク色を帯びるのが特徴で、主として針葉樹に発生するが広葉樹にも見られる。

樹種：針葉樹、サクラ類などの広葉樹
腐朽型：幹心材腐朽；褐色腐朽
分布：全国

被害木（ソメイヨシノ）

幹の子実体

子実体の断面

子実体の傘面

子実体の裏面（管孔状）

培養菌そう

44 カタオシロイタケ

学名：*Fomitopsis spraguei*（Berk. & M.A.Curtis）Gilb. & Ryvarden
科名：ツガサルノコシカケ科（Fomitopsidaceae）

　子実体は一年生、坐生～半背着生、無柄、半円形～扇形、幅4～12cm、厚さ0.5～2cm。傘表面は白色～クリーム色～部分的に褐色、無毛、多くは無環紋。傘肉は生時硬い肉質、乾時木質、白色。子実層托は管孔状、白色～淡黄色、孔口は円形～角形、1mm間に3～5個。子実体の組織は3菌子型、原菌糸は無色、かすがい連結を有する。担子胞子は卵形～広楕円形、無色、5～7×4～5μm。本菌は子実体が白色で比較的硬く、材の褐色腐朽を起こすことが特徴である。

樹種：広葉樹
腐朽型：幹や枝の心材腐朽；褐色腐朽
分布：全国、温帯域に発生する

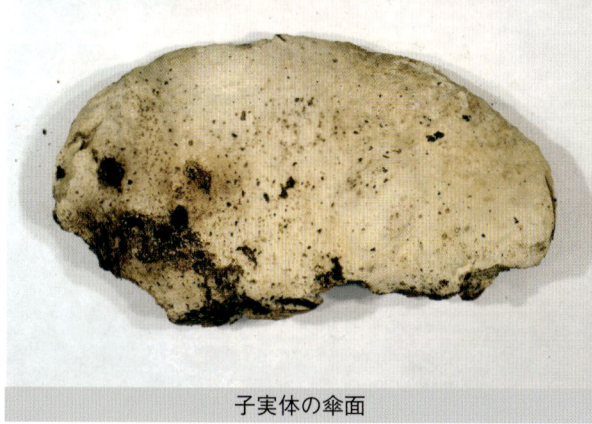

被害木（ソメイヨシノ）

a・b 幹に発生した子実体

子実体の傘面

子実体の裏面（管孔状）

45 クロサルノコシカケ

ヒダナシタケ目

学名：*Melanoporia castanea*（Imazeki）T. Hatt. & Ryvarden
科名：ツガサルノコシカケ科（Fomitopsidaceae）

　子実体は多年生、無柄、蹄形〜丸山形、時に背着生、幅は最大 30cm、厚さは最大 15cm。傘の表面ははじめ焦茶色で微細毛を有し、後に黒茶色で殻皮を形成し、畝状の隆起帯と環溝を有し、縁は厚く鈍い。傘肉は焦茶色、コルク質。子実層托は管孔状、管孔は多層、各管孔は長さ 0.3〜1cm、焦茶色、円形、1mm 間に 5〜6 個。担子胞子は無色、円筒形、4〜5 × 2〜2.5 μm。本菌は黒い大型の子実体を形成し、材の褐色腐朽を起こすのが特徴である。

樹種：広葉樹、特にナラ類やクリ
腐朽型：幹心材腐朽；褐色腐朽
分布：全国、温帯に分布

a・b　子実体

子実体の傘面

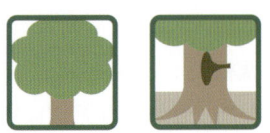

c・d　乾燥した子実体

子実体の裏面（管孔状）　　腐朽材（褐色腐朽）　　培養菌そう

写真 a・b 提供：群馬県野生きのこ同好会会長　須田隆

46 カンバタケ

ニダナシタケ目

学名：*Piptoporus betulinus*（Bull.: Fr.）P. Karst.
科名：ツガサルノコシカケ科（Fomitopsidaceae）

　子実体は一年生、坐生、無柄、半円形〜腎臓形、やや扁平な饅頭形、幅6〜25cm、厚さ2〜7cm。傘表面は狐色〜茶色、無毛、無環紋。肉は白色、コルク質。子実層托は管孔状、白色、円形、1mm間に3〜5個。子実体の組織は2（3）菌糸型、原菌糸は無色、かすがい連結を有する。担子胞子はソーセージ形、無色、4〜5×1.5〜2μm。本菌はカンバ類樹木に特異的に発生し、表面が茶色で比較的大型の子実体を形成することが特徴である。生時は水分を多く含み肉質だが、乾くと軽いコルク質になる。本菌に外形が似て、ナラ類に発生する種はコカンバタケという別種である。

樹種：カンバ類樹木
腐朽型：幹や枝の心材腐朽；褐色腐朽
分布：全国、カンバ類の自生する温帯

被害木（シラカンバ）

培養菌そう

a〜c 子実体

47 シロカイメンタケ

ヒダナシタケ目

学名：*Piptoporus soloniensis*（Dubois: Fr.）Pilát
科名：ツガサルノコシカケ科（Fomitopsidaceae）

　子実体は一年生、大型、坐生、半円形、幅10～30cm、厚さ1～3cm、単独にあるいは数個の傘が重なって形成される。傘の表面ははじめクリームイエローだが、次第に色が褪せてストロー（麦わら）色～白色となり、無環紋、放射状にしわができる。傘肉ははじめサーモンピンク、次第に色が褪せて白色となる、生時は水分を多く含み柔軟で肉質だが、乾くと軽いコルク質になる。子実層托は管孔状、管孔は長さ3～20mm、孔口は円形～角形、しばしば縦に裂け、傘の表面と同色、1mm間に5～6個。子実体の組織は2菌糸型、原菌糸は無色、かすがい連結を有する。担子胞子は楕円形、無色、4～5×2～2.5μm。本菌は生時水分を多く含むが乾燥すると極めて軽くなるのが特徴である。若い子実体は鮮やかなクリームイエローを呈するため、しばしばアイカワタケと混同されるが、アイカワタケの菌糸にはかすがい連結がない点で区別される。

樹種：広葉樹
腐朽型：幹心材腐朽；褐色腐朽
分布：全国

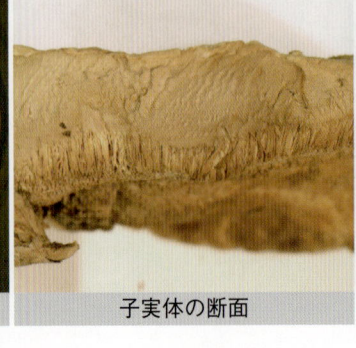

被害木（アラカシ）

a

b

c

培養菌そう　　子実体の断面　　a～c　子実体

Column　なぜサクラ類に腐朽病害が多く発生するのか

　サクラ類が他の樹種と比べて腐朽病害にかかりやすい、材が腐りやすいという明確な証拠はないと思われる。一般的にサクラ類、中でもソメイヨシノやサトザクラは病虫害が多く、腐朽病害が発生しやすいとも言われている。その理由としては、次の5つが考えられる。

コフキサルノコシカケ

　第1に、ソメイヨシノやサトザクラはとても人気があり、人々の注目を集めやすい。そのため、これら名所の管理者は入念にその状態を観察し、他の樹種よりも多くの病虫害を見つける結果となる。

　第2に、ソメイヨシノやサトザクラは多数の個体が1か所にまとまって植栽されることが多いので、ソメイヨシノとサクラてんぐ巣病のように親和性の病虫害の密度が高くなり、目立った被害となりやすい。

　第3に、ソメイヨシノやサトザクラは花見の対象となり、極めて多くの人がおし寄せて根元を踏みつけ、街路樹などでは道路工事などにより根が切断されやすいので、ベッコウタケやナラタケモドキなどによる根株腐朽病害の発生を誘発しやすい。

　第4に、とくにソメイヨシノは、樹形が傘形で横に広がり、先端が枝垂れる。通行に支障となる低い大枝が切断されやすく、その傷からコフキタケ、カワラタケ、カワウソタケなどの木材腐朽菌の侵入を招きやすい。

　第5に、ソメイヨシノやサトザクラは野生種ではなく、接木により増殖され、台木にはシナミザクラとオオシマザクラの雑種と考えられているアオハダザクラ（マザクラとも言う）の挿し木台を用いる。この台木は性質が弱く、ソメイヨシノを接ぐと極端な台負けを起こし、すぐにソメイヨシノに覆いかぶせさられてアオハダザクラの台木は死んでしまう。その前にソメイヨシノは自根を出して成長し増殖は無事に終わるが、ソメイヨシノは常に根元に腐朽源を抱えている状態にある。これがソメイヨシノに根株腐朽を多発させている原因だとする考え方である。

　さて、サクラ類は寿命が短いと一般に考えられている。エドヒガンには数百年の長命を誇り天然記念物に指定されている個体も多くあり、他の長命な樹種と比べても短いとは言えない。ソメイヨシノはとくに寿命が短いとされているが、現存する最長寿の個体は130年近くになっている。ソメイヨシノはすべてクローン増殖であり遺伝的には同一と考えられるので、もしソメイヨシノの多くの個体が短命で腐朽病害が多いとすれば、それはソメイヨシノの遺伝的性質ではなく、生育環境と管理技術の問題といえよう。

48 コフキタケ（コフキサルノコシカケ）

ヒダナシタケ目

学名：*Ganoderma applanatum*（Pers.）Pat.
科名：マンネンタケ科（Ganodermataceae）

　子実体は多年生、無柄、坐生、扁平な半円形～やや丸山形、当年生の子実体は幅10～20cm程度、厚さは2～4cm程度だが、年数を経たものは幅50cm以上、厚さは40cmにも達する。傘の表面は無毛、環溝を有し、灰白色～黄土色～茶色、しばしば大量の胞子が傘の上にも積もりココアの粉をまぶしたようになる。傘肉はチョコレート色、繊維質、表面直下には硬い黒茶色の組織が存在する。子実層托は管孔状、はじめ白色～薄卵色だが傷つけるとチョコレート色になり、後には焦茶色、孔口は円形、1mm間に4～5個。子実体の組織は3菌糸型、骨格菌糸と結合菌糸は琥珀色、原菌糸は無色、かすがい連結を有する。担子胞子は一端が欠けた卵形、琥珀色、二重壁を有し、8～10×5～7.5μm。

　本菌はベッコウタケと並んで緑化樹木に最も多く発生する種である。多年生でチョコレート色の傘肉を有し、大量の胞子の飛散により傘の表面や周囲が粉を吹いたようになるのが特徴である。ブナなどに発生するツリガネタケとしばしば混同されるが、ツリガネタケの傘肉の色は薄く、肌色～飴色を呈する。関西以西に分布するコフキタケは別種とする考えもあるが、未だ確認されていない。

樹種：広葉樹
腐朽型：幹や枝の心材腐朽、地際部にも発生；白色腐朽
分布：全国

a～c　多年生の子実体

子実体の断面（傘肉はチョコレート色）

a・b 大量の胞子を飛散した子実体

子実体の裏面（管孔状）

当年生の子実体

被害木

コフキタケによる腐朽（白色腐朽）

担子胞子（二重壁）

マンネンタケ科

49 マンネンタケ

学名：*Ganoderma lucidum*（Curtis: Fr.）P. Karst.
科名：マンネンタケ科（Ganodermataceae）

　子実体は一年生、傘と柄を有し、柄は偏心生～中心生、傘は腎臓形～半円形～円形、径5～15cm、厚さ1～2cm。傘の表面は光沢があり、はじめは黄色、のちに代赭色（色サンプル■）～弁柄色（■）～焦茶色、環溝を有する。柄は傘と同色～黒色、光沢を有する。子実層托は管孔状、クリーム色～白茶色、孔口は円形、1mm間に4～5個。傘肉ははじめクリーム色、のちに焦茶色、コルク質、上下2層に分かれる。子実体の組織は3菌糸型、琥珀色の顕著な結合菌糸が存在し、原菌糸は無色、かすがい連結を有する。担子胞子は一端が欠けた卵形、二重壁を有し、黄金色～琥珀色、9～11×5～7μm。本菌は光沢のある美しい子実体を形成するのが特徴である。針葉樹に発生する種はマンネンタケと形態的には区別できないが、別種のマゴジャクシとされる。

樹種：広葉樹
腐朽型：根株心材腐朽；白色腐朽
分布：全国

a～c 子実体
子実体の傘面
発生初期の子実体
培養菌そう

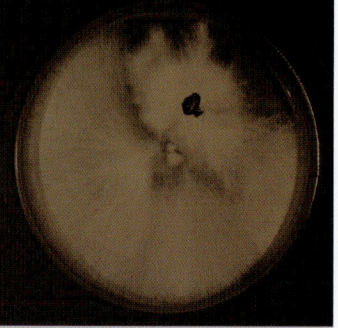

50 アズマタケ

ニダナシタケ目

学名：*Inonotus vallatus* (Berk.) Núñez & Ryvarden
科名：タバコウロコタケ科（Hymenochaetaceae）

　子実体は一年生、傘と柄を有する。傘は径3〜13cm、厚さ最大1cm程度、柄は中心性〜やや偏心性、径1cm、長さ2〜3cm程度。表面は狐色〜土色、短密毛を有し、環紋がある。子実層托は管孔状、長さ1〜3mm、孔口は1mm間に6〜7個。肉は狐色、やや硬く、傘の表面から少し下に暗褐色の下殻が形成される。子実体組織は1菌糸型、原菌糸はかすがい連結を欠き、無色〜黄褐色〜褐色。担子胞子は類球形〜広楕円形、無色、3〜5×2.5〜4μm。本菌の子実体は狐色で、中心性〜偏心生の柄を有することが特徴である。

樹種：マツ類
腐朽型：根株心材腐朽を起こすが、マツ類を枯死させることがある；白色腐朽
分布：全国的に分布するが特に関西以西に多い

a　アカマツの根から発生した子実体
b
c　b・c 子実体の裏面
　　子実体の断面
d
e　d・e 子実体の傘面
　　培養菌そう

写真a提供：群馬県野生きのこ同好会会長　須田隆

51 オニカワウソタケ

ヒダナシタケ目

学名：*Inonotus ludovicianus*（Pat.）Murr.
科名：タバコウロコタケ科（Hymenochaetaceae）

　子実体は一年生、坐生、無柄、傘は半円形、横幅 10 〜 20cm、厚さ 2 〜 3cm。傘表面は波状に隆起し、褐色〜赤褐色、不明瞭な環紋を有する。肉は褐色。子実層托は管孔状、土色〜茶色〜褐色、孔口は円形〜多角形、1mm 間に 2 〜 3 個。子実体の組織は 1 菌糸型、原菌糸は無色〜琥珀色、かすがい連結を欠く。剛毛体はないか、まれに存在する。担子胞子は楕円形、琥珀色、5 〜 6.5 × 3.5 〜 5μm。本菌は一年生で大型の茶褐色の子実体を形成し、暖温帯から亜熱帯に分布することが特徴である。

樹種：広葉樹、特にカシ類に多い
腐朽型：根株心材腐朽；孔状白色腐朽
分布：関東地方以南

幹に発生した子実体

a・b　子実体の裏面

子実体の傘面

子実体の断面

培養菌そう

Column　木材腐朽菌には子のう菌類が少ない？

　菌類は植物のように光合成により無機物から有機物を合成することができず、植物によって生産された有機物などを分解して栄養源としている。この栄養摂取方法の違いから植物を生産者あるいは独立栄養生物などと呼び、菌類を分解者あるいは従属栄養生物などと呼んでいる。菌類は進化の過程で生産者である植物と密接な関係を築いてきたと考えられ、分類学的に近縁なグループの菌類は栄養摂取方法が大体同じである。例えば、担子菌類の中でもさび病菌というグループの菌類は、生きた植物組織だけに寄生して栄養を摂取する絶対寄生菌で、宿主の植物が死んでしまうと生きられないという特徴がある。

　担子菌の中でも大型のキノコを作るグループは菌蕈類（きんじんるい）と呼ばれるが、これらの菌類は植物、特に樹木との深い関係を築いている。菌蕈類の栄養摂取方法は大きく二つに分けられる。すなわち、死んだ植物体を分解して栄養を得る腐生と、樹木の生きた根に菌根を形成する共生である。木材腐朽菌は落葉分解菌などとともに腐生菌に含まれるが、このグループの菌類は分解は難しいが得られるエネルギーが大きい木材という物質を栄養源に選んだわけである。木材腐朽菌の大多数はヒダナシタケ目という特定の分類群に所属している。ただし例外もあり、ヒダナシタケ目の中でもイボタケ科に属する菌類はほとんどが菌根菌である。一方、ハラタケ目という柔らかいキノコの分類群には菌根菌や落葉分解菌が多く、特に大型のキノコを形成するグループはほとんどが菌根菌である。オチバタケなど小型のキノコを形成するグループには落葉分解菌が多い。しかし、ハラタケ目の中でも、ヒラタケ属、ナラタケ属、モエギタケ属など一部の分類群には木材腐朽菌が存在する。

　子のう菌類は担子菌類と並ぶ菌類の大きな分類群で、植物の生きた組織に寄生して栄養を摂取するグループ、すなわち植物病原菌が多く存在する。子のう菌類の多くは植物体に寄生して栄養を摂取する方法を選び進化してきたのではないかと考えられる。子のう菌類には腐生的に栄養を摂取する種も多いが、草本類の遺体や木本類の樹皮や枯葉を分解する種がほとんどで、木材上に発生する種は少ない。子のう菌類の中で木材腐朽力を有するのはごく一部で、マメザヤタケやオオミコプタケなどが所属するクロサイワイタケ目菌類だけにほぼ限られている。シイタケのほだ木に発生する害菌クロコブタケは子のう菌類の中では木材腐朽力が最も強い部類に属するが、それでも担子菌類の腐朽力に比べればやや分が悪い。

　木材腐朽性の子のう菌類の多くは腐朽力では担子菌類に太刀打ちできないため、クロコブタケのように枯死後の樹木に素早く侵入して、時間がたつと担子菌類に駆逐されてしまうパイオニア的生活を送っている種や、軟腐朽菌のように担子菌類が生活できない水浸し状態の木材の分解に活路を見いだした種が多いと考えられる。いずれにしろ、子のう菌類は担子菌類ほど木材の分解が得意ではないようである。

カワウソタケ

52 カワウソタケ

ヒダナシタケ目

学名：*Inonotus mikadoi*（Lloyd）Gilb. & Ryvarden
科名：タバコウロコタケ科（Hymenochaetaceae）

　子実体は一年生、坐生、無柄、半円形～扇形、狭い基部を有し、幅1～6cm、厚さ1～2.5cm、しばしば多数の子実体が重なって発生する。傘の表面は新鮮な子実体では狐色、密毛があり、古くなると茶色～黒茶色、無毛となる。子実層托は管孔状、始め亜麻色、古くなると褐色～焦茶色、孔口は円形～角形、やや乱れる、1mm間に2～4個。剛毛体は通常存在しない。子実体の組織は1菌糸型、原菌糸は無色～橙黄色、かすがい連結を欠く。担子胞子は広楕円形、厚壁、琥珀色、4～6×3～4μm。本菌はバラ科樹木に多く発生し、7月頃に鮮やかな狐色の子実体を形成するが、時間が経つと汚れた茶色となる。大量の胞子を放出するため、胞子の積もった幹や枝は茶色になる。

樹種：広葉樹、特にサクラ類、ウメ等バラ科樹木
腐朽型：幹や枝の心材腐朽；孔状白色腐朽
分布：全国

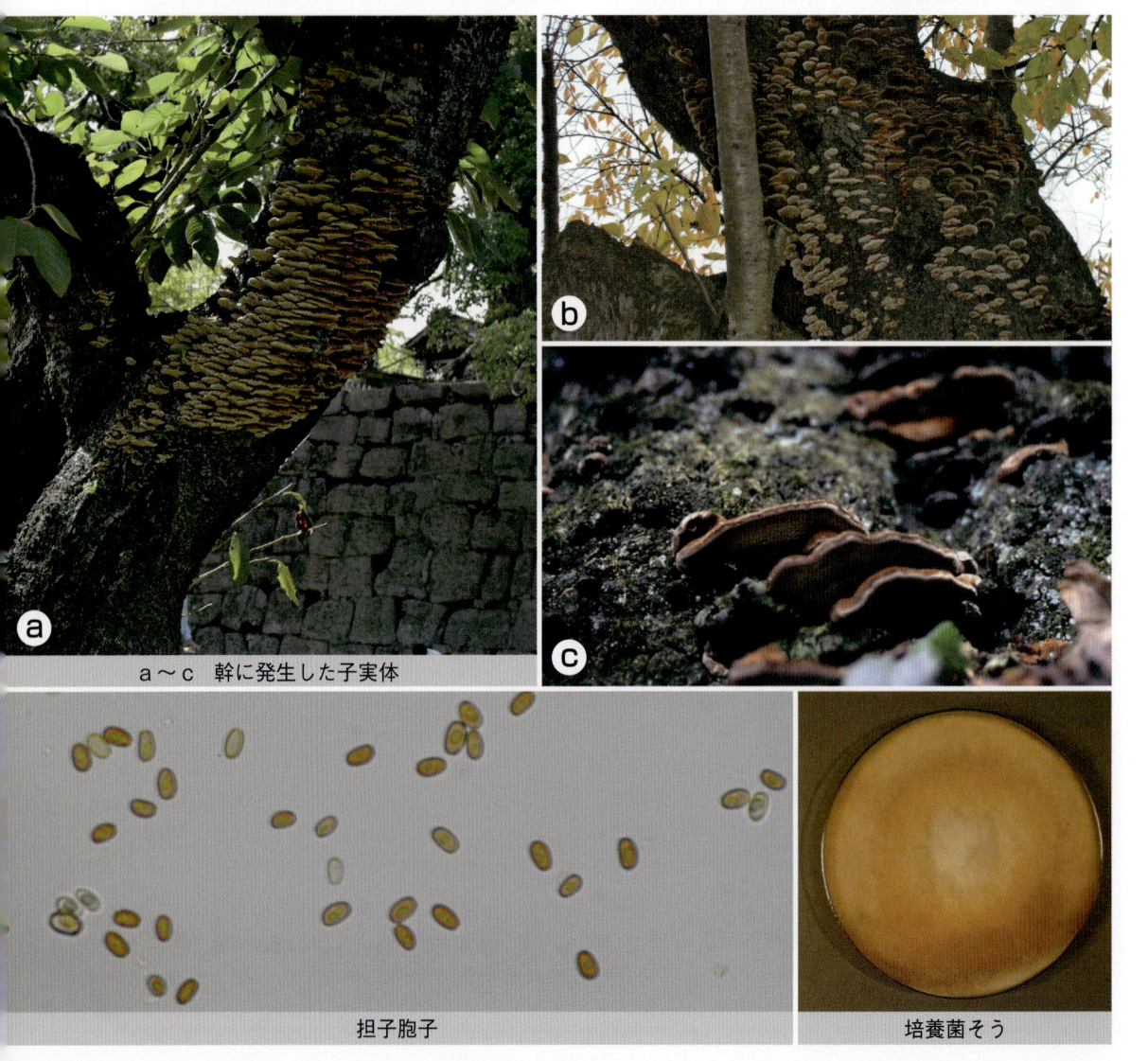

a～c　幹に発生した子実体

担子胞子

培養菌そう

子実体の前面 子実体の傘面

d〜g　幹や枝に発生した子実体

73

タバコウロコタケ科

53 ヤケコゲタケ

学名：*Inonotus hispidus*（Bull.: Fr.）P. Karst.
科名：タバコウロコタケ科（Hymenochaetaceae）

ヒダナシタケ目

　子実体は一年生、坐生、無柄、傘は半円形、幅 10 〜 30cm、厚さ 3 〜 7cm、時に数個の傘が重なって形成される。傘の表面には粗毛が密生し、土色〜褐色、のちに焼け焦げたように黒色になる。傘の肉は生時大量の水を含み、土色〜茶色、のちに黒色、厚い毛被層を有する。子実層托は管孔状、はじめ黄色〜土色、のちに焦茶色、円形〜多角形、1mm 間に 1 〜 3 個。子実体の組織は 2 菌糸型、原菌糸は無色〜黄色〜琥珀色、かすがい連結を欠く。子実層には剛毛体がない。担子胞子は類球形〜広楕円形、茶色、9 〜 11 × 7.5 〜 9μm。本菌の子実体は大型で、若いうちは土色〜褐色だが、のちに焼け焦げたように黒色となることが特徴である。

樹種：広葉樹、特にミズナラに多い
腐朽型：幹心材腐朽；白色腐朽
分布：全国、特に温帯域

a〜c　幹に発生した子実体

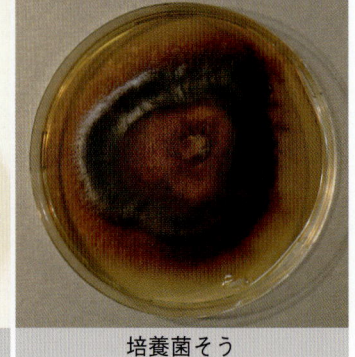

子実体裏面　　　発生後しばらくたった子実体　　　培養菌そう

54 カシサルノコシカケ（コブサルノコシカケ）

ニダナシタケ目

学名：*Phellinus robustus*（P. Karst.）Bourdot & Galzin
科名：タバコウロコタケ科（Hymenochaetaceae）

　子実体は多年生、坐生、無柄、蹄形〜扁平〜半背着生、幅5〜30cm、厚さ3〜15cm。傘の表面には凹凸がある環溝があり、縁は鈍縁で橙黄色、内側になるにつれて焦茶色から黒色となる。傘肉は橙黄色。子実層托は管孔状、錆色〜暗褐色、孔口は円形、1mm間に4〜6個。子実体の組織は2菌糸型、原菌糸は無色〜琥珀色、かすがい連結を欠く。子実層にはまれに剛毛体がある。担子胞子は類球形、無色、6〜9×5.5〜8.5μm。本菌の子実体は坐生〜半背着生で、子実層に剛毛体が少なく、類球形でデキストリノイド（メルツァー試薬で褐色に染まる）の担子胞子を有することが特徴である。本菌は従来コブサルノコシカケと呼ばれてきたが、1989年に先名権に基づく取り扱いにより古い和名であるカシサルノコシカケに変更された。古い図鑑ではカシサルノコシカケは別種（現在のキヨスミサルノコシカケ）を指しているので、注意が必要である。

樹種：広葉樹
腐朽型：幹心材腐朽；白色腐朽
分布：全国、特に温帯域に多い

培養菌そう　　子実体の断面　　a〜d　幹に発生した子実体

55 キコブタケ

ヒダナシタケ目

学名：*Phellinus igniarius*（L.: Fr.）Quél.
科名：タバコウロコタケ科（Hymenochaetaceae）

　子実体は多年生、坐生、無柄、蹄形〜半背着生、幅は20cm、厚さは15cmに達する。傘面ははじめ灰白色で平滑、後に灰色〜黒茶色、多数の環溝と亀裂を形成する、外縁部は山吹色。傘肉は焦茶色、木質。子実層托は管孔状、多層、孔口は円形、薄茶色〜茶色、1mm間に4〜5個。子実体の組織は2菌糸型、原菌糸は無色〜茶色、かすがい連結を欠く。子実層には赤茶色の剛毛体が多数存在する。担子胞子は類球形、厚壁、無色、5〜6×4〜5μm。本菌は傘肉が褐色で、子実層に剛毛体が多数存在すること、担子胞子は類球形で無色、厚壁であることが特徴であるが、子実体の形態的変異は大きい。

樹種：広葉樹
腐朽型：幹心材腐朽；白色腐朽
分布：全国

a・b 被害木に形成された子実体 　　子実体 　　子実体の断面

子実体の傘面 　　子実体の裏面（管孔状） 　　培養菌そう

56 コブサルノコシカケモドキ

学名：*Phellinus setulosus*（Lloyd）Imazeki
科名：タバコウロコタケ科（Hymenochaetaceae）

　子実体は多年生、蹄形～基部の厚い半円形～背着生、無柄、幅5～30cm、厚さ3～15cm。傘の表面は平坦あるいは小さなこぶがあり、環溝を有し、縁は鈍縁で橙黄色、内側になるにつれて焦茶色から黒色となる。傘肉は土色。子実層托は管孔状、暗褐色、孔口は円形、1mm間に4～6個。子実体の組織は2菌糸型、原菌糸は無色～琥珀色、かすがい連結を欠く。子実層には多数の剛毛体が存在し、長さ20～40μm。担子胞子は類球形～広楕円形、無色、4.5～6×4～5μm。本菌はカシサルノコシカケに似るが、傘肉の色がより濃く、子実層に多数の剛毛体を有し、担子胞子が小さいことで区別される。

樹種：カシ類、イスノキ等の広葉樹
腐朽型：幹心材腐朽；白色腐朽
分布：関東以南

a・b　幹に発生した若い子実体 　　　子実体の裏面

子実体の傘面 　　　子実体の断面 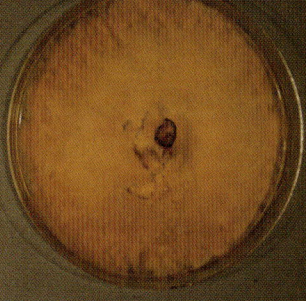　　　培養菌そう

57 コルクタケ

ヒダナシタケ目

学名：*Phellinus torulosus* (Pers.) Bourdot & Galzin
科名：タバコウロコタケ科（Hymenochaetaceae）

　子実体は多年生、坐生〜半背着生、無柄、半円形で縁は薄く、横断面は三角形を呈し、幅 2 〜 10cm、厚さ 1 〜 7cm。傘の表面は微細毛を有するか無毛、環溝があり、粗面、枯色〜黄土色。子実層托は管孔状、黄土色、孔口は円形、微細、1mm 間に 5 〜 8 個。傘肉は橙黄色、木質。子実体の組織は 2 菌糸型、原菌糸は無色〜琥珀色、かすがい連結を欠く。子実層には剛毛体が多い。担子胞子は卵形〜広楕円形、無色、4 〜 6 × 3 〜 4 μm。本菌は比較的小型の傘を形成し、無色で広楕円形の担子胞子と多数の剛毛体を有することが特徴である。

樹種：サクラ類、カシ類等の広葉樹、マツ類
腐朽型：幹心材腐朽；白色腐朽
分布：本州以南

被害木（サルスベリ）

a・b 子実体

子実体

子実体の傘面

58 サビアナタケ

学名：*Phellinus ferruginosus*（Schrad.: Fr.）Pat.
科名：タバコウロコタケ科（Hymenochaetaceae）

ニダナシタケ目

子実体は一年生、背着生、不定型に広がり、基質に固着、檜皮色（ひわだ）（色サンプル ■ ）～錆色。子実層托は管孔状、長さ1～10mm程度、孔口は円形、1mm間に4～6個。子実体の組織は2菌糸型、原菌糸は無色～琥珀色、かすがい連結を欠く。子実層には細長い剛毛体が多数存在、長さ25～60μm。実質には先端の尖った剛毛状菌糸が存在する。担子胞子は広楕円形、無色、4～6×2.5～4μm。本菌は錆色がかった硬い背着生の子実体を形成し、子実層に細長い剛毛体を多数有するのが特徴である。

樹種：広葉樹
腐朽型：幹や枝の心材腐朽；白色腐朽
分布：本州以南

a・b 枝に発生した子実体　　子実層の剛毛体　　培養菌そう

c・d 子実体

タバコウロコタケ科

59 シマサルノコシカケ

ヒダナシタケ目

学名：*Phellinus noxius*（Corner）G. Cunn.
科名：タバコウロコタケ科（Hymenochaetaceae）

　子実体は多年生、坐生〜半背着生、傘は幅5〜25cm、厚さ1〜5cm、背着部分は不定型に広がる。傘の表面ははじめ微細毛を被り、柑子色（色サンプル　　）〜琥珀色、のち殻皮に覆われて焦茶色から黒茶色。肉は土色〜琥珀色、木質。子実層托は管孔状、生時黒色、乾燥すると褐色〜焦茶色、孔口は円形、1mm間に8〜10個。子実体の組織は2菌糸型、原菌糸は無色〜薄い黄色、かすがい連結を欠く。骨格菌糸は薄い黄色〜褐色。子実層に剛毛体はないが、剛毛状菌糸を有し、剛毛状菌糸は先端が丸く、先端は子実層から突出し、褐色、幅7〜12μm。担子胞子は広楕円形、無色、3.5〜4.5×3〜3.5μm。

　本菌は生時管孔面が黒色で、子実層に剛毛体を欠き、太い剛毛状菌糸を有することが特徴である。亜熱帯地域において様々な樹種の根株腐朽を起こすが、病原性が強く緑化樹木や防風林の枯損を起こし大きな問題となっており、南根腐病という病名が付けられている。根の接触部を通して隣接木に感染するので、一旦被害木が発生すると周囲に被害が拡大する。近年、被害が拡大する傾向にあるので、亜熱帯地域では最も警戒すべき樹木病原菌である。本菌は鹿児島県の佐田岬まで分布することが確認されているが、病害が報告されているのは奄美大島以南である。

樹種：広葉樹、イヌマキなど一部の針葉樹
腐朽型：根株心材腐朽；白色腐朽
分布：鹿児島以南

子実体の傘面

子実体の裏面

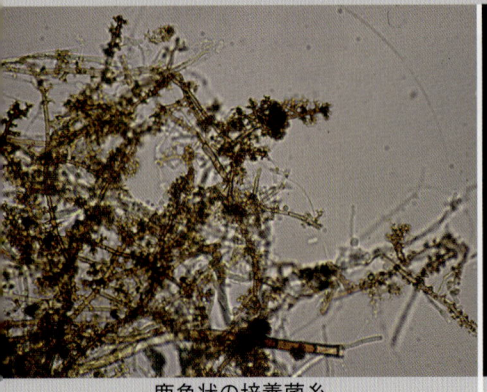

鹿角状の培養菌糸

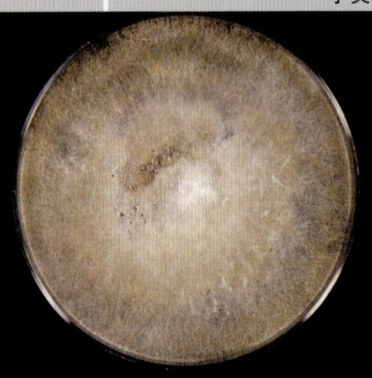

培養菌そう

a・b　本菌による枯損木

被害木の根に形成された菌糸膜

被害木の地際部（白色腐朽）

腐朽材（褐色の網目状帯線が形成されている）

半背着生の子実体

タバコウロコタケ科

60 チャアナタケ

ヒダナシタケ目

学名：*Phellinus umbrinellus*（Bres.）Ryvarden
科名：タバコウロコタケ科（Hymenochaetaceae）

　子実体は多年生、背着生、樹皮上に不定型に広がり、厚さは5mm程度。子実層托は管孔状、管孔は長さ1～4mm、孔口は円形、アンバー（色サンプル　）～茶色～焦茶色、1mm間に5～7個。肉は木質。子実体の組織は2菌糸型、原菌糸は無色～薄い黄色、かすがい連結を欠く。子実層に剛毛体はない。担子胞子は広楕円形～類球形、土色～褐色、4～5×3.5～4μm。本菌の子実体は背着生で管孔の径が小さく、剛毛体を欠き、茶色で広楕円形の胞子を有することが特徴である。タバコウロコタケ科菌類、特に背着生の菌類は外部形態の特徴だけで同定することは困難で、顕微鏡観察が不可欠である。

樹種：広葉樹
腐朽型：幹や枝の心材腐朽；白色腐朽
分布：本州以南

a～c　幹に発生した子実体

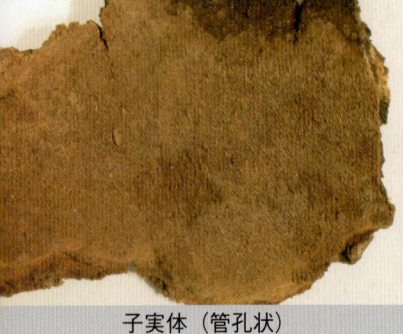

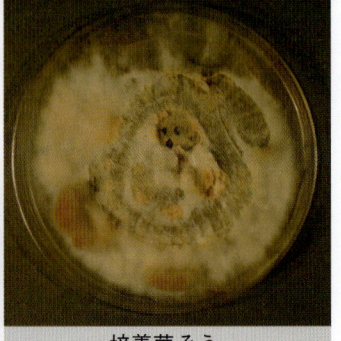

子実体（管孔状）　　子実層と担子胞子　　培養菌そう

61 チャアナタケモドキ

学名：*Phellinus punctatus*（Fr.）Pilát
科名：タバコウロコタケ科（Hymenochaetaceae）

ニダナシタケ目

　子実体は多年生、背着生、樹皮上に不定型に広がり、厚さ1〜10mm。子実層托は管孔状、管孔は長さ0.5〜3mm、孔口は円形、小麦色〜土色、1mm間に6〜8個。肉は木質。子実体の組織は2菌糸型、原菌糸は無色〜薄い黄色、かすがい連結を欠く。子実層に剛毛体はないかまれに存在。担子胞子は類球形〜球形、無色、厚壁、デキストリノイド、6〜7×5〜6μm。本菌は外見上はチャアナタケと区別ができないが、無色で大型の担子胞子を有することが特徴である。本菌は広葉樹に多く発生するが、針葉樹ではサンブスギというスギの特定品種に発生し、溝腐病（非赤枯性溝腐病）を起こすことが知られている。

樹種：広葉樹、針葉樹
腐朽型：幹や枝の心材腐朽；白色腐朽
分布：本州以南

被害木（サクラ類）

スギに発生した子実体

子実体

サクラ類に発生した子実体

管孔と担子胞子

培養菌そう

62 ツリバリサルノコシカケ

ヒダナシタケ目

学名：*Phellinus wahlbergii*（Fr.）D.A. Reid
科名：タバコウロコタケ科（Hymenochaetaceae）

　子実体は多年生、坐生～半背着生、蹄形～扁平な半円形、幅5～15cm、高さ2～10cm程度、しばしば数個の子実体が重なって形成される。傘の表面は炭質で粗く、茶色～黒茶色、縁は土色。子実層托は管孔状、土色～錆色、孔口は円形、微細、1mm間に7～8個。傘肉は茶色、木質。子実体の組織は2菌糸型、原菌糸は無色、かすがい連結を欠く、骨格菌糸は茶色～褐色。子実層に先端が曲がった鉤状の剛毛体が多数存在する。担子胞子は類球形、無色～薄い黄色、4～5.5×3～4μm。本菌は傘の表面が粗く炭質で、子実層に鉤状の剛毛体を有することが特徴である。

樹種：広葉樹
腐朽型：根株心材腐朽；白色腐朽
分布：本州以南

地際部に発生した子実体

子実体

子実体の断面

子実体の裏面

子実層の剛毛体（先端が鉤状）

培養菌そう

63 ネンドタケ

学名：*Phellinus gilvus*（Schwein.）Pat.
科名：タバコウロコタケ科（Hymenochaetaceae）

　子実体は一年生、坐生〜半背着生、傘は半円形〜貝殻状、時に複数の子実体が重なって形成され、幅3〜10cm、厚さ0.5〜1.5cm。傘の表面には細突起と粗毛があり、無環紋、狐色〜茶色〜錆色、子実層托は管孔状、茶色〜錆色、孔口は円形〜角形、微細、1mm間に6〜8個。傘肉は狐色〜茶色、コルク質。子実体の組織は2菌糸型、原菌糸は無色〜薄い黄色、かすがい連結を欠く。子実層に多数の剛毛体を有する。担子胞子は広楕円形、無色、4〜5×3〜4μm。本菌は広葉樹に広く発生し、薄茶色の粗面の傘を形成し、管孔面は見る角度により淡色から濃色に色が変わるのが特徴である。

樹種：広葉樹
腐朽型：枝や幹の心材腐朽；白色腐朽
分布：全国

a・b 幹に発生した子実体

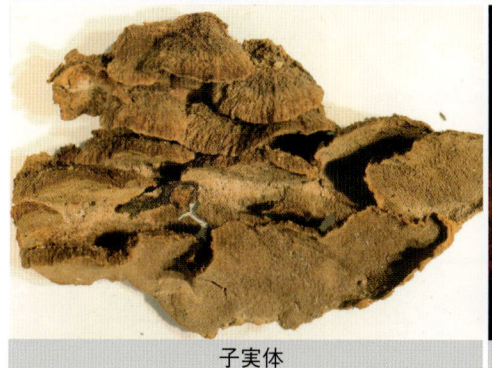

子実体 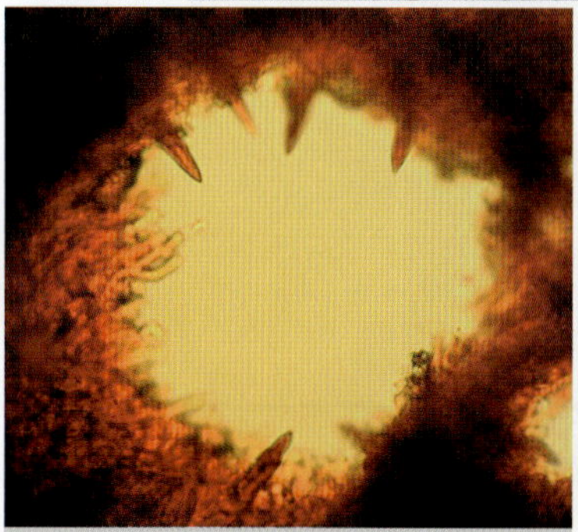　　　子実層の剛毛体 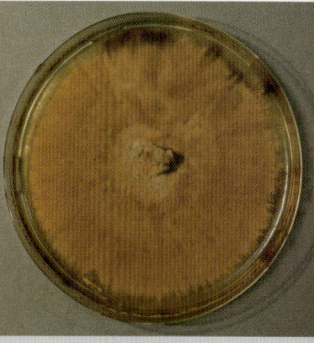　　　培養菌そう

64 モミサルノコシカケ

ヒダナシタケ目

学名：*Phellinus hartigii*（Allesch. & Schnabl）Pat.
科名：タバコウロコタケ科（Hymenochaetaceae）

子実体は多年生、坐生、蹄形〜丸山形〜半背着生、幅5〜15cm、厚さ3〜15cm。傘の表面は橙黄色〜焦茶色〜黒色、周囲の色は薄く基部は色が濃い、環溝がある。傘の肉は橙黄色〜狐色、木質。子実層托は管孔状、クリーム色〜橙黄色〜黄土色、孔口は円形〜角形、1mm間に4〜6個。子実体の組織は2菌糸型、原菌糸は無色〜薄い黄色、かすがい連結を欠く。子実層には剛毛体を欠く。担子胞子は無色、類球形、厚壁、径6〜8mm。本菌はモミ類に多く発生し、硬い丸山形〜蹄形の子実体を形成し、子実層に剛毛体を欠くのが特徴である。針葉樹、特にモミ類樹木の溝腐病菌として知られている。

樹種：針葉樹、特にモミ類
腐朽型：幹辺材腐朽；白色腐朽
分布：全国

被害木（トドマツ）
子実体 
子実体の裏面 
子実体の傘面 
腐朽材 
培養菌そう

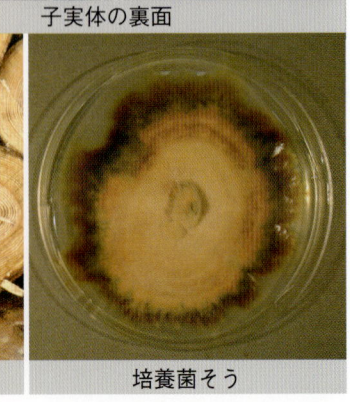

65 ムサシタケ

ニダナシタケ目

学名：*Pyrrhoderma adamantinum*（Berk.）Imazeki
科名：タバコウロコタケ科（Hymenochaetaceae）

　子実体は多年生、無柄あるいは有柄、傘は半円形～扇形、幅5～13cm、厚さ1～2cm。傘の表面は黒茶色～黒色、無毛、不明瞭な環溝と環紋を有する。傘の表面には厚さ1mm程度の堅い殻皮があり、内部はクリーム色～飴色～橙色、コルク質。子実層托は管孔状、クリーム色～飴色、孔口は円形、1mm間に6～8個。子実体の組織は2菌糸型、原菌糸は無色、かすがい連結を欠く。担子胞子は類球形、無色、5～7.5×6.5～7.5μm。本菌は傘の表面に黒色の殻皮を有し、傘肉はクリーム色～橙色を呈するのが特徴である。比較的珍しい種である。

樹種：広葉樹
腐朽型：根株心材腐朽；白色腐朽
分布：本州

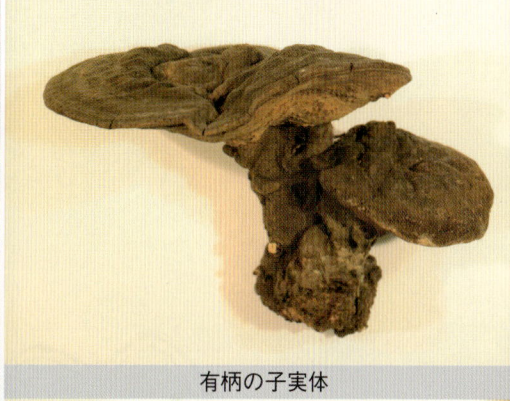

有柄の子実体

子実体の断面

a・b 地際部に形成された子実体

子実体の傘面

子実体の裏面

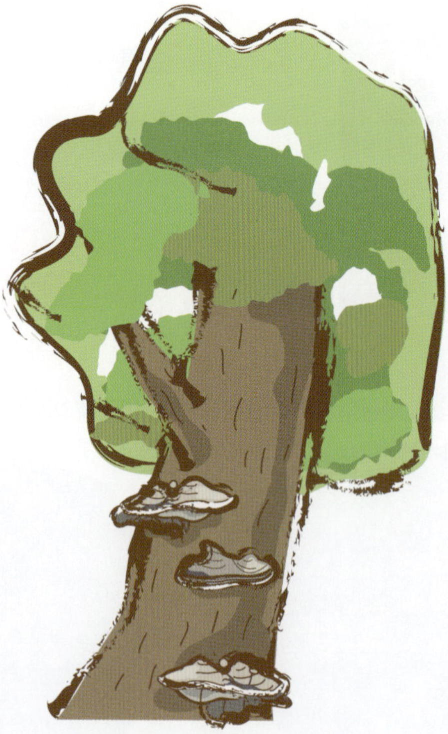

4）子実体の採集法

　木材腐朽菌の同定を行う場合、コフキタケ、ベッコウタケなどの普通種ならば肉眼による観察だけで同定できるが、類似種が多く同定には顕微鏡観察が欠かせないことも多い。この場合は子実体を採集して持ち帰り、顕微鏡観察を行うことになる。自身で顕微鏡観察ができないときは、しかるべき試験研究機関に標本を送って同定を依頼することになる。子実体が新鮮な場合はクール宅配便を利用して送ることもできるが、直ぐに依頼できない場合には子実体を乾燥してから送るのが望ましい。

　子実体は通気性の良い紙袋に採集品毎に別々に入れ、採集年月日、採集場所、採集者、樹種名、発生部位、その他気がついた点などのデータを記入しておく。ビニール袋は通気性が悪く、密封するとカビ類や細菌が繁殖し子実体の腐敗を早めるため、キノコ類の採集には用いない。子実体は必要な観察を行った後、乾燥し標本として保存する。適切に乾燥を行えば子実層などの微細構造はほとんどそのまま残る。ただし、ハラタケ目菌類などの柔らかい子実体は乾燥すると変色変形して原形をとどめないことが多いので、生時に写真を撮るかスケッチをしておくことが必要である。

　乾燥には送風式の乾燥器を用いるときれいな標本を作製できる。水分を多く含む子実体は高温で乾燥すると黒く変色するので、できるだけ低い温度（30～40℃）で乾燥するのがよい。キノコの愛好家は温風暖房機や布団乾燥機を用いて子実体の乾燥を行っている。写真Ⅰ-1-1は旅行先でキノコを乾燥するために筆者が作成した携帯用の乾燥棚である。乾燥機器が利用できない場合には、通気性の良い状態で冷蔵庫にしばらく入れておくと、比較的きれいに乾燥することができる。

　乾燥処理を行った標本は標本袋や標本箱に入れ、標本番号、学名、和名、同定者、採集地、採集年月日、採集者、寄主名、その他特記すべき事項を直接記入するか、ラベルを貼り付けて保存する（写真Ⅰ-1-2）。病害の調査等ではしばしば標本を再検討することが必要になるので、できれば長期間標本保存が可能な施設に寄託することが望ましい。キノコ類の標本はカビが生

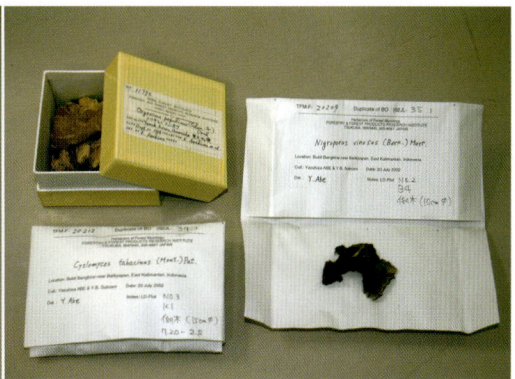

写真Ⅰ-1-1　携帯用の標本乾燥棚
標本を棚に並べ、小型ヒーターで温風を送り込む

写真Ⅰ-1-2　標本箱と標本袋

えやすく、昆虫類の食害も受けやすいので、湿度の低い場所に保存し、常に防虫剤を入れておく必要がある。

5) 木材腐朽菌の分類体系と同定法

　ここでは、木材腐朽菌の大多数を占めるヒダナシタケ目菌類の分類体系について簡単に述べる。ヒダナシタケ目菌類の分類体系は主として、a．子実体や子実層托などの外部形態、b．顕微鏡下で観察される子実体の菌糸、子実層の異形細胞、胞子などのミクロな形態、c．白色腐朽を起こすか褐色腐朽を起こすかなどの生化学的性質という3つの要素の組み合わせによって構築されている。しかし、現在の分類体系は未だ確定したものではない。とくに近年、分子系統解析手法を用いて菌類の分類体系の検証が進められている。これらの研究によると、顕微鏡下のミクロな形態や生化学的性質は系統関係を比較的良く反映しているが、外部形態の特徴は系統関係を必ずしも反映していないことが分かってきた。菌類の分類体系の確立にはもう少し時間がかかりそうである。

　木材腐朽菌、とくにヒダナシタケ目菌類を同定する場合は外部形態の特徴だけではなく、顕微鏡下で観察されるミクロな形態、生化学的な反応を総合して検討し、分類群を絞り込んでいくことになる。以下にそれぞれの要素について述べる。

a. 外部形態

　子実体の形はいわゆるサルノコシカケ形（棚状）のものから、コウヤク状に広がるものまで様々である。このような子実体の形は背着生（はいちゃくせい）、半背着生、坐生（ざせい）、蹄形、半円形などと表現され、柄の有無や傘の有無、子実体が単独に形成されるか多数重なるか（畳生）なども特徴である（図Ⅰ-1-1）。また、子実体が当年だけ成長して年内に腐ってしまう一年生か、同じ子実体が数年にわたり成長を続けて大型化する多年生かに区分される。子実層托の形状は、平滑、イボ状、シワ状、針状、ヒダ状、迷路状、管孔状、歯牙状などに区分される（**写真Ⅰ-1-3a～d**）。また、子実体の組織の肉質も特徴として用いられる。

I－1　木材腐朽菌図鑑

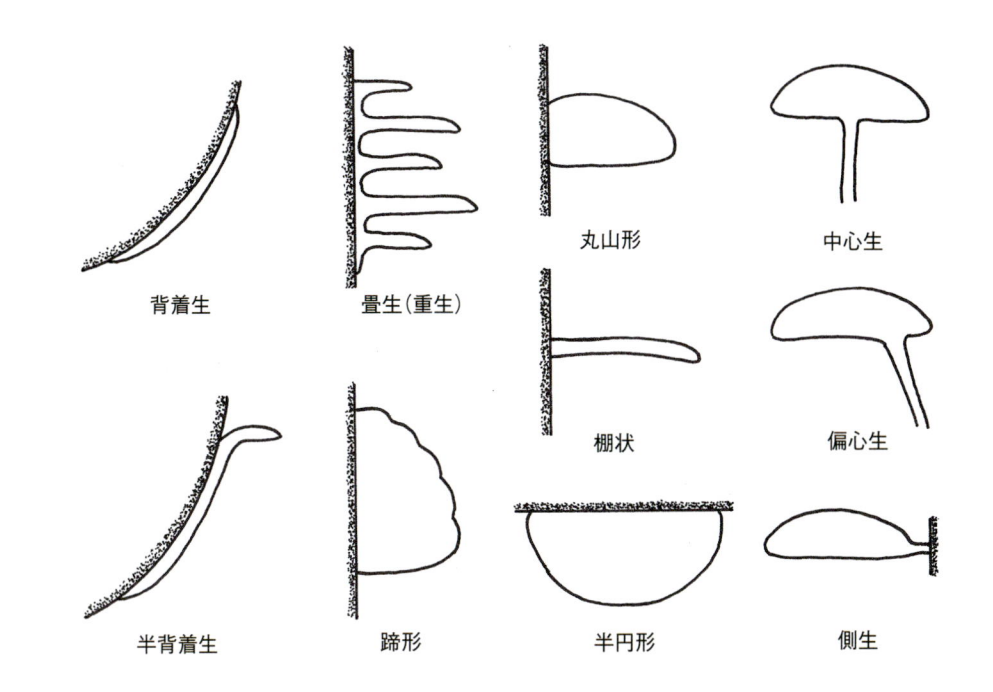

背着生　畳生（重生）　丸山形　中心生

　　　　　棚状　偏心生

半背着生　蹄形　半円形　側生

図I-1-1　ヒダナシタケ目菌類の子実体の形

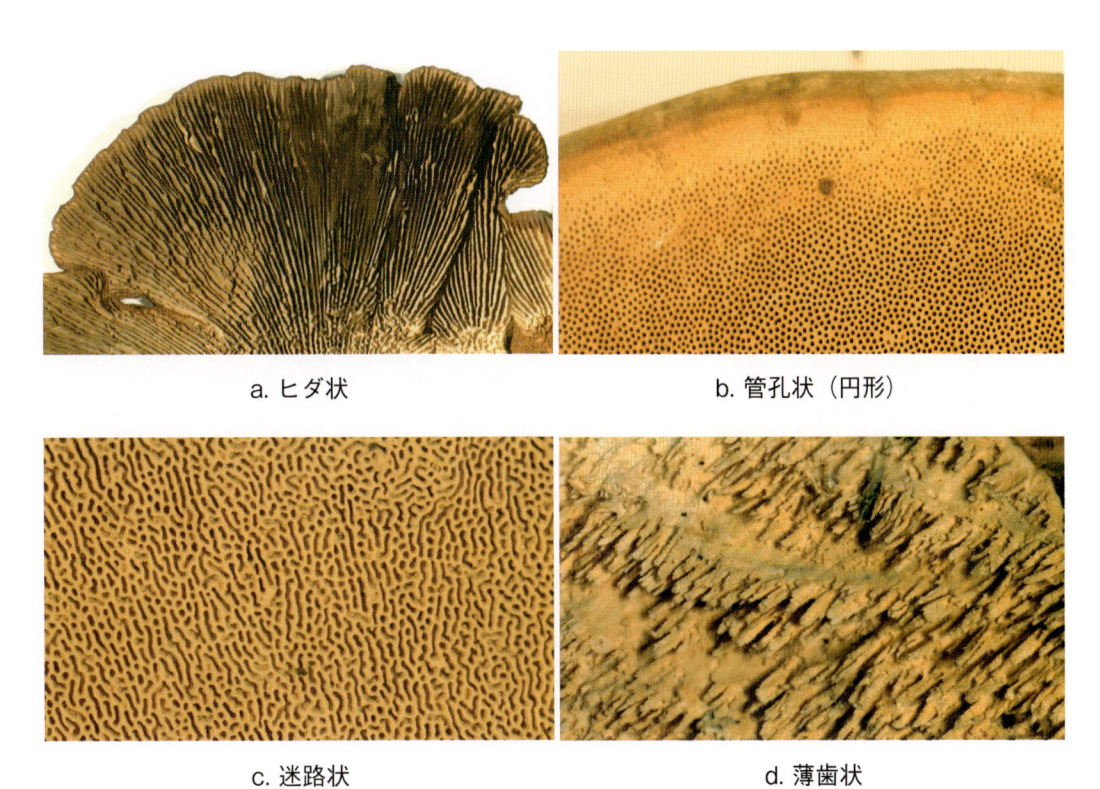

a. ヒダ状　　　　　　　　b. 管孔状（円形）

c. 迷路状　　　　　　　　d. 薄歯状

写真I-1-3　子実層托の形状

b. ミクロな形態

①菌糸型

　ヒダナシタケ目菌類の子実体は基本的に3種類の菌糸、原菌糸（生殖菌糸、形成菌糸）、骨格菌糸、結合菌糸（膠着菌糸）により構成されている。原菌糸はすべての種に存在する菌糸で、細胞壁が薄く、枝分れし、隔壁を有する。かすがい連結は担子菌類に特有の隔壁部のコブ状構造で（写真Ⅰ-1-4a）、原菌糸だけに存在し骨格菌糸や結合菌糸にはみられない。ただし、担子菌類においてもすべての種の菌糸にかすがい連結があるわけではなく、かすがい連結を持たない種も多い（写真Ⅰ-1-4b）。骨格菌糸は細胞壁が厚くほとんど枝分れをせず、通常は隔壁を形成しない。結合菌糸は細胞壁が比較的厚く盛んに枝分れし、隔壁はほとんどみられない（写真Ⅰ-1-4c・d）。

　原菌糸は子実体全体にみられるがとくに子実層付近に多く、骨格菌糸や結合菌糸は子実体の傘肉や実質（子実層の下部）に多く存在する。これらの3種類の菌糸のうち、子実体が1種類の菌糸（原菌糸）から構成されている場合、1菌糸型と呼ぶ。子実体が2種類の菌糸（原菌糸と骨格菌糸、あるいは原菌糸と結合菌糸）から構成されている場合を2菌糸型と呼ぶ。子実体が3種類の菌糸から構成されている場合は3菌糸型である。この特徴は主として属レベルを分類する形質として重視されている。原菌糸のみで構成されている子実体は一般に柔らかく一年生であり、骨格菌糸や結合菌糸が存在する子実体は一般に硬く、多年生のものが多い。

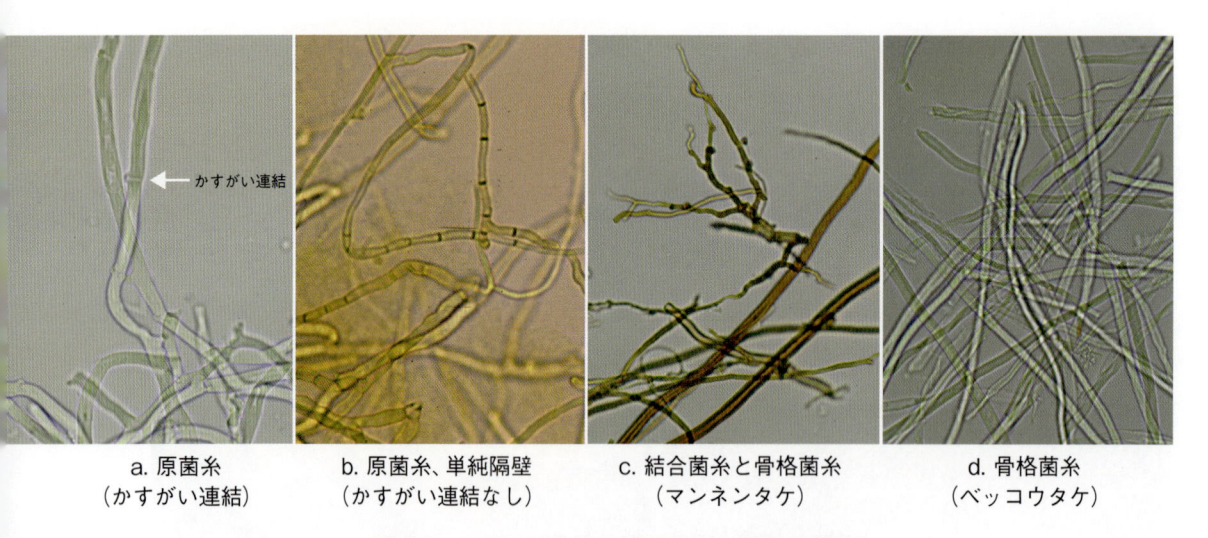

| a. 原菌糸
（かすがい連結） | b. 原菌糸、単純隔壁
（かすがい連結なし） | c. 結合菌糸と骨格菌糸
（マンネンタケ） | d. 骨格菌糸
（ベッコウタケ） |

写真Ⅰ-1-4　子実体を構成する3種類の菌糸

②異形細胞

　子実層などに出現する特殊な形をした細胞である。シスチジア（のう状体）、剛毛体、有刺糸状体、樹枝状糸状体、剛毛状菌糸など多くの種類がある（写真Ⅰ-1-5）。シスチジアには先端が結晶で被われたものがある。剛毛体は褐色、厚壁の先端が尖った細胞で、タバコウロコタケ科菌類だけに特異的にみられる細胞である（写真Ⅰ-1-6）。

I-1　木材腐朽菌図鑑

写真 I-1-5　子実層のシスチジア　　　　写真 I-1-6　子実層の剛毛体

③担子胞子

　胞子の形態は様々であり、同定を行う際に重要な基準となる。ヒダナシタケ目菌類では、表面が平滑、無色、円筒形〜楕円形の胞子を形成する種が多いが、表面に突起を有するもの、細胞壁が二重構造になっているもの、端が切れた形になっているものなど、異なった形状の胞子を有する分類群がある。中でも、マンネンタケ科菌類の胞子は黄褐色、細胞壁が二重構造で、イドタケ科菌類の胞子は黄褐色で厚壁、発芽孔があり、イボタケ科菌類の胞子は金平糖形、などという特徴がある。顕微鏡がない場合は、白紙の上に子実体を載せ数時間置くと胞子紋が得られ胞子の色が観察できる（図 I-1-2）。

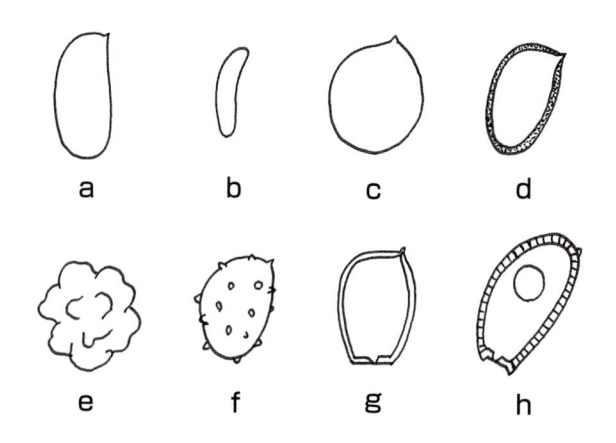

図 I-1-2　担子菌類の胞子の形

　　a. 円筒形（カワラタケなど）　　　b. ソーセージ形（アオゾメタケなど）
　　c. 球形（ベッコウタケなど）　　　d. 有色・厚壁（イドタケなど）
　　e. 金平糖形（チャイボタケなど）　f. 針状突起（*Trechispora*属菌など）
　　g. 一端が切形（ウズラタケなど）　h. 二重壁（コフキタケなど）

c. 生化学的特徴

　腐朽型は菌類の分類群に備わった性質である。すなわち木材の白色腐朽を起こすか褐色腐朽を起こすかは、ヒダナシタケ目菌類の重要な分類基準のひとつとなっている。白色腐朽を起こす種と褐色腐朽を起こす種は分類学的に離れた関係にあることが分かっている。タバコウロコタケ科やマンネンタケ科には白色腐朽菌だけが含まれ、ツガサルノコシカケ科、イドタケ科、カンゾウタケ科、ハナビラタケ科には褐色腐朽菌だけが含まれる。サルノコシカケ科には白色腐朽菌と褐色腐朽菌の両方が含まれるが、両者は属レベルで分けられている。腐朽型の判別は肉眼で行うが、分かりにくい場合にはシリンガルダジン、α-ナフトールなど各種の指示薬を腐朽材や菌糸に滴下して色の変化を観察する方法も用いられる（**写真Ⅰ-1-7**）。

　子実体を構成する菌糸や胞子がメルツァー試薬（ヨード液）で染色されるか否かというアミロイド反応も分類上重要な性質である。ミヤマトンビマイタケ科菌類の胞子には強いアミロイド反応を起こす（黒色に染まる）イボ状の突起があり（**写真Ⅰ-1-8**）、マンネンハリタケ科菌類の胞子は細胞内容物がアミロイド反応を起こす（灰青色に染まる）という特徴がある。また、菌糸や担子胞子がメルツァー試薬で褐色に染まる場合があり、これをデキストリノイド（偽アミロイド）反応と呼んでいる。シイサルノコシカケの骨格菌糸や担子胞子はデキストリノイド反応を示す。

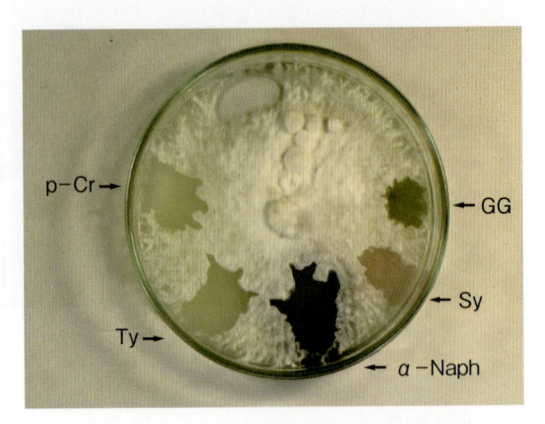

写真Ⅰ-1-7　腐朽菌の酵素の呈色反応
　　　　　　（シイタケ：白色腐朽菌）

GG：グアヤク脂（緑色に変色）
Sy：シリンガルダジン（ピンク色に変色）
α-Naph：α-ナフトール（紫色に変色）
p-Cr：p-クレゾール（無反応）
Ty：チロシン（無反応）

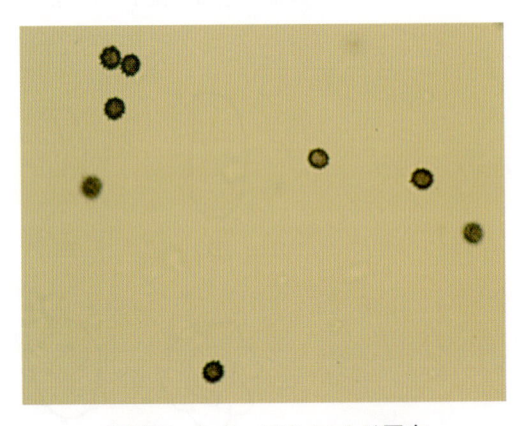

写真Ⅰ-1-8　アミロイド反応

ミヤマトンビマイタケの担子胞子：胞子の突起が黒く染まり、強いアミロイド反応を示す

6）木材腐朽菌類の主な分類群と特徴

子のう菌類（Ascomycota）

　子のうと呼ばれる袋の中に通常8個の胞子を形成するグループの菌類。従来は子のう盤を形成する盤菌類（所謂チャワンタケ類）と子のう殻を形成する核菌類などにはっきりと分けられていたが、分子系統解析研究の進展によってそれらの区分は余り根拠のないものであることが明らかになってきた（図Ⅰ-1-3）。分類体系は未だ流動的であるが、現在は目レベルで整理が進みつつある。子のう菌類には草本、木本植物の病害を起こす種が多く含まれる。木材腐朽力を有する子のう菌類はクロサイワイタケ目のクロサイワイタケ科やシトネタケ科菌類に限られている。

クロサイワイタケ目（Xylariales）

　子のう殻は発達した子座と呼ばれる菌糸組織内に形成されるか、子のう殻の周囲には断片的な子座が存在する。子座は一般に硬く炭質である。子のう胞子は1細胞のものが多いが、隔壁のある種も存在する。

①クロサイワイタケ科（Xylariaceae）

　発達した大型の子座を形成する。子のうは先端部にメルツァー試薬で青色に染まる（アミロイド）リング状構造物がある。子のう胞子は濃色、1細胞、発芽スリットがある（写真Ⅰ-1-8）。

トゲツブコブタケ属（*Kretzschmaria*）：子座はかさぶた状、しばしば小さな子座が多数集合し、表面は黒色で炭質、内部は白色～灰色、子座の基部に柄を有するか無柄。子座の表面直下に子のう殻を1列に形成する。子のうの先端に大きなアミロイドのリング状構造物を有する。子のう胞子は扁平な紡錘形。

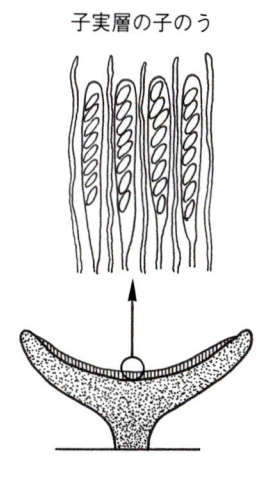

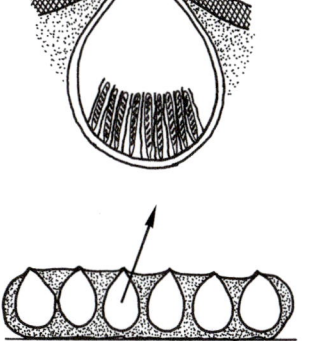

図Ⅰ-1-3　子のう菌類の盤菌類と核菌類

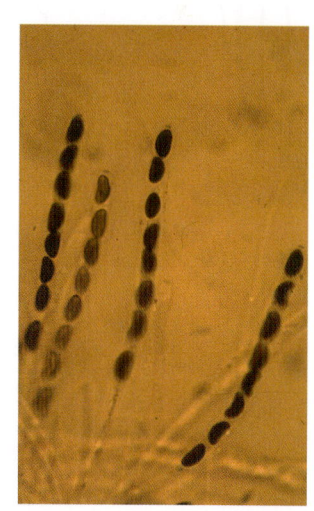

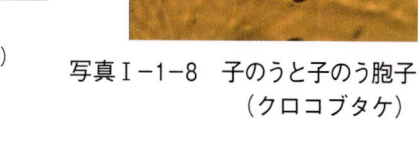

写真Ⅰ-1-8　子のうと子のう胞子（クロコブタケ）

担子菌類（Basidiomycota）

担子器と呼ばれる細胞の先端部に通常4個の胞子を形成するグループの菌類（図Ⅰ-1-4）。1つの担子器から4個の担子胞子が形成されることが多いが、2個や6個以上のこともある。菌糸の隔壁部にかすがい連結と呼ばれる突起を有する種が多い。

キクラゲ目（Auriculariales）

担子器が細長く、横の隔壁により4室に分かれている。キクラゲ科だけを含む小さな目。シロキクラゲなどが属するシロキクラゲ目菌類は担子器が縦の隔壁で分かれている。

①キクラゲ科（Auriculariaceae）

子実体は生時やわらかいゼラチン質、乾くと軟骨質、子実層は平滑～網目状。担子胞子は無色、腎臓形～ソーセージ形、発芽中の胞子にはしばしば隔壁が形成される。

キクラゲ属（*Auricularia*）：子実体は背着生～椀形～耳たぶ形、ゼラチン質～軟骨質。

ハラタケ目（Agaricales）

子実体の形は傘と柄のあるキノコ形の種が多いが、傘や柄を欠くものもある。子実体を構成する菌糸は1菌糸型。子実層は未熟なうちは内部に隠れているが成熟すると外部に露出する半被実性の種が多いが例外もある。子実体が柔軟で腐りやすいので軟質菌類とも呼ばれる（図Ⅰ-1-5）。

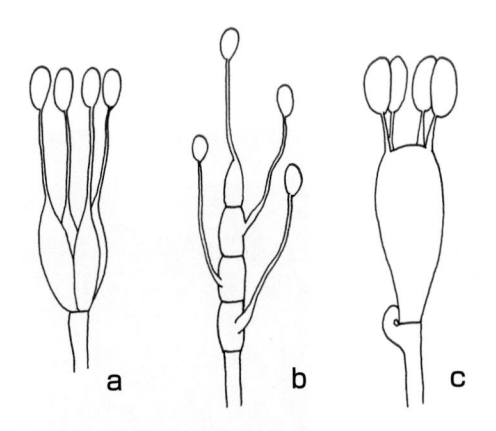

図Ⅰ-1-4　担子器の形
 a. シロキクラゲ目の担子器
 b. キクラゲ目の担子器
 c. ハラタケ目やヒダナシタケ目の担子器

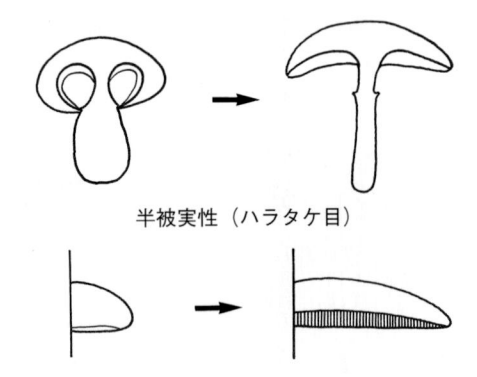

図Ⅰ-1-5　半被実性と裸実性
（子実層の形成過程）

半被実性（ハラタケ目）
裸実性（ヒダナシタケ目）

I-1 木材腐朽菌図鑑

①ヒラタケ科（Pleurotaceae）
　傘と柄を有するか柄を欠く、柄は中心生～偏心生～側生、子実層托はヒダ状、ヒダは白色～クリーム色～灰桜色。担子胞子は円筒形で、薄壁。組織は１菌糸型で、菌糸にはかすがい連結を有する。白色腐朽を起こす。
　ヒラタケ属（*Pleurotus*）：子実体は多くの場合柄を欠くか側面に短柄を有し、傘の表皮下にはゼラチン層はない。

②スエヒロタケ科（Schizophyllaceae）
　一年生で半背着生～ヒラタケ形、無柄～有柄の子実体を形成する。子実層托はヒダ状を呈するが、縦に２枚に裂けるという特徴がある。子実体の組織は１菌糸型、菌糸にはかすがい連結を有する。
　スエヒロタケ属（*Schizophyllum*）：子実体は一年生、扇形、半背着生（はんはいちゃくせい）～坐生（ざせい）、子実層はヒダ状、ヒダは縦に２枚に裂ける。組織は１菌糸型、菌糸にはかすがい連結がある。白色腐朽を起こす。

③キシメジ科（Tricholomataceae）
　傘と柄を持ち、柄は中心生の種が多い、子実層托は多くはヒダ状、ヒダは白色～クリーム色～灰桜色などで濃色となることはない。担子胞子は薄壁、発芽孔を欠く。
　ナラタケ属（*Armillaria*）：子実体は傘と柄を持ち、傘は柑子色～茶色、表面に小さい鱗片を有する。柄は中心生、繊維質、ツバを有するか欠く。

④オキナタケ科（Bolbitiaceae）
　子実体は茶色系の種が多くモエギタケ科菌類に似るが、傘の表皮が子実層状の組織になっていることでモエギタケ科から区別される。ヒダは成熟すると土色～焦茶色。菌糸にはかすがい連結を有する。担子胞子は楕円形、はっきりした発芽孔を有する。
　フミヅキタケ属（*Agrocybe*）：子実体は比較的大型、ヒダは成熟すると焦茶色。

⑤モエギタケ科（Strophariaceae）
　子実体は通常傘と柄を持ち、傘は柑子色（こうじいろ）～茶色、柄は中心生～偏心生、傘の表皮は菌糸状。ヒダははじめ白色だが成熟すると錆色～海老茶色～褐色～焦茶色、担子胞子は厚壁、土色～褐色、発芽孔を有するが時に不明瞭。菌糸にはかすがい連結を有する。白色腐朽を起こす。
　クリタケ属（*Hypholoma*）：生時傘はやや粘性を帯び、ヒダは成熟すると紫色を帯びる。
　スギタケ属（*Pholiota*）：生時傘は著しく粘性を帯び、表面に鱗片を有する種が多く、ヒダは成熟すると土色となり、紫色を帯びない。

ヒダナシタケ目（Aphyllophorales）

　子実体の形態はコウヤク状、半背着生でウロコタケ形、棚状でサルノコシカケ形など多様で、子実層托も平滑、イボ状、針状、管孔状など様々な形態をとる。子実層は初めから外部に露出して形成される裸実性の種が多いので、これがヒダナシタケ目菌類の最も理解しやすい特徴である（図Ⅰ-1-5）。ハラタケ目に比べると硬い子実体を形成する種が多いので硬質菌類とも呼ばれる。分子系統解析手法を用いた研究により、ヒダナシタケ目としてひとつの分類群にまとめることは無理があるとして、最近はより多くの目に細分化されるようになっている。しかし、ヒダナシタケ目という区分法は一般に理解しやすいため、本書では旧来のヒダナシタケ目という分類群を採用している。

①コウヤクタケ科（Corticiaceae）
　子実体は大多数が背着生、木材などの表面にコウヤク状に広がり、子実層托は平滑、イボ状、針状、シワ状、時に管孔状を呈する。子実体は一年生、組織は1菌糸型。多くの種が所属する極めて大きな科であるが、強い木材腐朽力を有する種は少ない。

　　アナタケ属（*Schizopora*）：子実体は一年生、背着生、子実層托は管孔状～迷路状。組織は1～2菌糸型、原菌糸はかすがい連結を有する。子実層に先端部が丸い菌糸が存在する。白色腐朽を起こす。

　　サガリハリタケ属（*Radulodon*）：子実体は一年生、背着生、子実層托は針状。組織は1菌糸型、菌糸にはかすがい連結がある。白色腐朽を起こす。

　　シワウロコタケ属（*Phlebia*）：子実体は背着生、子実層托は平滑～イボ状～シワ状、生時ワックスがかかったように脂っぽい。菌糸はかすがい連結を有する。

　　チヂレタケ属（*Plicaturopsis*）：子実体は無柄あるいは短柄を有し、扇形、子実層托はヒダ状で脈略を有し、縮れる。菌糸はかすがい連結を有する。

②ニクハリタケ科（Steccherinaceae）
　子実体は一年生、背着生～半背着生～坐生、子実層托は管孔状～薄歯状。子実体の組織は2菌糸型、原菌糸はかすがい連結を欠くか有する。子実層に厚壁のシスチジアを有することが特徴である。

　　ウスバタケ属（*Irpex*）：子実体は一年生、背着生～半背着生、傘には毛被があり、子実層托は薄歯状。子実体は2菌糸型、原菌糸はかすがい連結を欠き、子実層には結晶を被るシスチジアがある。白色腐朽を起こす。

③カンゾウタケ科（Fistulinaceae）
　2属のみからなる極めて小さな科で、子実体は肉質、子実層托は多数の互いに分離したパイプにより構成されている。カンゾウタケはシイ類などの幹心材の褐色腐朽を起こす。

カンゾウタケ属（*Fistulina*）：子実体は一年生、坐生、無柄あるいは短柄を有し、赤色〜褐色、子実層托は管孔状で、各管孔はパイプ状に分離する。組織は1菌糸型、かすがい連結を有するか欠く。褐色腐朽を起こす。

④サルノコシカケ科（タコウキン科、Polyporaceae）

　子実体は坐生、半背着生、背着生、有柄など様々で、子実層托は管孔状、一年生あるいは多年生、組織は1〜3菌糸型。白色腐朽菌と褐色腐朽菌が混在するが、現在のところ両者は属レベルで分けられる。極めて多くの属を含む。

アイカワタケ属（*Laetiporus*）：子実体は一年生、傘と柄を有するか柄を欠き、傘や傘肉は黄色〜サーモンピンクなど明色、生時水分を含み重いが乾燥すると軽くもろくなる。組織は2菌糸型、原菌糸はかすがい連結を欠く。褐色腐朽を起こす。

ウスキアナタケ属（*Perenniporia*）：子実体は一年生〜多年生、背着生〜坐生、子実層は管孔状。子実体の組織は2〜3菌糸型、原菌糸はかすがい連結を有する。担子胞子は一端が欠けた楕円形か涙滴形。白色腐朽を起こす。

オシロイタケ属（*Tyromyces*）：子実体は一年生、坐生〜背着生、生時白色〜淡色。子実体の組織は1菌糸型、菌糸にかすがい連結を有する。白色腐朽を起こす。

カイガラタケ属（*Lenzites*）：子実体は一年生、坐生〜半背着生、子実層托はヒダ状。子実体の組織は3菌糸型。子実層には剣状菌糸が存在する。白色腐朽を起こす。

カイメンタケ属（*Phaeolus*）：子実体は一年生、傘と柄を有するか柄を欠き、褐色、子実層托は管孔状〜迷路状。組織は1菌糸型、原菌糸はかすがい連結を欠く。外見的にはカワウソタケ属菌に似るが褐色腐朽を起こすことで区別される。

シイサルノコシカケ属（*Loweporus*）：子実体は一年生〜多年生、背着生〜坐生。組織は2〜3菌糸型、原菌糸はかすがい連結を有し、担子胞子は一端が欠けた楕円形。ウスキアナタケ属菌に似るが、骨格菌糸が暗色なので傘肉や管孔が飴色〜焦茶色を呈することで区別される。白色腐朽を起こす。

シロアミタケ属（*Trametes*）：子実体は一年生〜多年生、坐生、子実層托は管孔状。子実体の組織は3菌糸型、原菌糸はかすがい連結を有し、子実層にはシスチジアを欠く。白色腐朽を起こす。

シハイタケ属（*Trichaptum*）：子実体は一年生、坐生〜背着生、比較的小形で傘肉は薄く、子実層托は管孔状〜薄歯状。子実体の組織は2菌糸型、原菌糸はかすがい連結を有し、子実層には先端部に結晶を被るシスチジアが存在する。白色腐朽を起こす。

スルメタケ属（*Rigidoporus*）：子実体は一年生〜多年生、坐生〜背着生、肉桂色〜黄土色、子実層は管孔状、生時柔らかいが乾くと極めて強靱な革質となる。子実体の組織は1〜2菌糸型、原菌糸はかすがい連結を欠く。子実層に先端の尖ったシスチジアがある。白色腐朽を起こす。

ヒイロタケ属（*Pycnoporus*）：子実体は一年生、坐生、鮮やかな緋色、子実層托は管孔状。子実体の組織は３菌糸型、原菌糸はかすがい連結を有する。白色腐朽を起こす。

ヒトクチタケ属（*Cryptoporus*）：子実体は一年生、坐生、子実層托は管孔状、子実層托は基部近くに孔があいた薄膜に被われる。組織は３菌糸型、原菌糸はかすがい連結を有する。１属１種で、ヒトクチタケのみが知られている。

マツオウジ属（*Neolentinus*）：傘と柄を有し、子実層托はヒダ状、ヒダは中心生か偏心生。子実体の組織は２菌糸型。担子胞子は無色、円筒形〜ソーセージ形。褐色腐朽を起こす。

ミダレアミタケ属（*Cerrena*）：子実体は一年生、半背着生〜背着生、子実層托ははじめ管孔状だが後に薄歯状となる。組織は３菌糸型、原菌糸はかすがい連結を有し、子実層はシスチジアを欠く。白色腐朽を起こす。

ヤニタケ属（*Ischnoderma*）：子実体は一年生、坐生、傘表面は褐色〜黒色、毛羽だった薄い殻皮があり、子実層托は管孔状。子実体の組織は２菌糸型、原菌糸はかすがい連結を有する。白色腐朽を起こす。

⑤ツガサルノコシカケ科（Fomitopsidaceae）

外形的にはタコウキン科菌類に似た種が多いが、褐色腐朽を起こす属のみが含まれる。子実層托は管孔状だが、一部の種では迷路状。子実体の組織は２〜３菌糸型だが、１菌糸型の属も含まれる。

アオゾメタケ属（*Postia*）：子実体は一年生で柔らかく、坐生〜背着生、表面や傘肉は白色〜明色、組織は１菌糸型。

カンバタケ属（*Piptoporus*）：子実体は一年生、坐生、無柄あるいは短柄を有し、傘表面は白色〜茶色、傘肉は白色〜サーモンピンク、生時は水分を含み重いが乾燥すると極めて軽くなる。

クロサルノコシカケ属（*Melanoporia*）：子実体は多年生で硬く、坐生〜背着生、表面や傘肉は黒色〜焦茶色、組織は２菌糸型。

ツガサルノコシカケ属（*Fomitopsis*）：子実体はほとんどの種は多年生で硬く、坐生、傘表面は暗色の種が多く、傘肉は枯草色系、組織は２〜３菌糸型。

ホウロクタケ属（*Daedalea*）：子実体は多年生、坐生、表面と傘肉は薄茶色、組織は３菌糸型。子実層托は管孔状だがしばしば迷路状となる。

⑥マンネンタケ科（Ganodemataceae）

子実体は有柄あるいは無柄、坐生、子実層托は管孔状、組織は３菌糸型。担子胞子は黄褐色〜褐色、細胞壁が２重で２重壁の間に細棘があるのが特徴である。木材の白色腐朽を起こす。

マンネンタケ属（*Ganoderma*）：子実体は多年生で硬く、傘と柄を有するか柄を欠く、組織は３菌糸型。子実層は管孔状。担子胞子は一端が欠けた楕円形。

⑦タバコウロコタケ科（Hymenochaetaceae）
　子実体は坐生、半背着生、半背着生、有柄など様々で、子実層托は管孔状あるいは平滑、一年生あるいは多年生、組織は1～2菌糸型。本科の特徴は子実体を構成する菌糸が黄色～黄褐色で、原菌糸はかすがい連結を欠き、木材の白色腐朽を起こすことである。子実層に剛毛体と呼ばれる褐色の異形細胞が存在する種が多い。子実体の形、菌糸型、子実層の形などにより各属に分けられる。

　カワウソタケ属（*Inonotus*）：子実体は一年生で生時は柔らかく、概して肉厚、傘と柄を有するか柄を欠き、子実層托は管孔状、組織は1菌糸型。

　キコブタケ属（*Phellinus*）：子実体は多年生で硬く、坐生～半背着生～背着生、組織は2菌糸型。子実層托は管孔状。

　ツヤナシマンネンタケ属（*Pyrrhoderma*）：子実体は多年生で硬く、傘と柄を有し、表面は硬い殻皮に被われ、組織は2菌糸型。

7）用語解説

あ

アミロイド	メルツァー試薬によって菌糸や胞子などが青灰色～青色～黒色に染まること。
一年生	子実体が連年成長をせず、胞子の生産が発生年内に限られること。

か

かすがい連結	クランプともいう。担子菌類の菌糸に特有な構造で、隔壁部分に発生するコブ状の突起。1核菌糸体にはなく、交配後の2核菌糸体のみに見られる。
褐色腐朽	木材中のセルロースだけが分解されるタイプの腐朽。腐朽が進むと木材は褐色になる。
殻皮	菌糸が集合して硬い殻状になった皮状の組織。多年生の子実体の傘の表面に殻皮を形成する種があり、分類上の特徴となる。
管孔	子実体の組織で、胞子が形成される孔状になった部分。胞子は管孔の内壁部分で作られる。
環溝	子実体の傘の表面に同心円状に溝が形成されていること。
環紋	子実体の傘の表面に色の違いによる同心円状の紋様が形成されていること。
菌糸型	子実体を構成している菌糸の型。1種類の菌糸（原菌糸）のみで構成される場合は1菌糸型、2種類の菌糸（原菌糸と骨格菌糸、あるいは原菌糸と結合菌糸）で構成される場合は2菌糸型、3種類の菌糸（原菌糸、骨格菌糸、結合菌糸）で構成される場合を3菌糸型と呼ぶ。

KOH液	子実体の切片などの顕微鏡観察に使用されるマウント液。通常1〜10％程度の濃度のKOH水溶液が使用される。膠着した組織を柔軟にするので乾燥標本の観察に適しているが、結晶物などが溶解するという欠点がある。
結合菌糸	ヒダナシタケ目菌類の子実体を構成する3種類の菌糸のうちのひとつ。細胞壁が厚く、隔壁はほとんど見られず、枝分かれが多い。
原菌糸	ヒダナシタケ目菌類の子実体に必ず存在する細胞壁の薄い、隔壁のある菌糸。かすがい連結は原菌糸にのみ見られる。生殖菌糸、形成菌糸とも呼ばれる。
孔口	子実体の管孔の先端部分を指す。孔口の形は円形のものが多いが、孔口が大きく管孔壁が薄い場合は多角形になる。
厚壁胞子	菌糸の一部が肥大化して形成される細胞壁が厚い胞子。以前は厚膜胞子と呼ばれていたが、厚いのは細胞膜ではなく細胞壁なので、現在は厚壁胞子が使われる。
剛毛体	担子菌類の子実層に突出する先端が尖った褐色で厚壁の細胞。タバコウロコタケ科菌類だけに存在する。
骨格菌糸	ヒダナシタケ目菌類の子実体を構成する3種類の菌糸のうちのひとつ。細胞壁が厚く、枝分かれがなく長い菌糸で、隔壁もない。
根状菌糸束	多くの菌糸が束になって根状になったもの。表面は厚い殻皮で被われている。ナラタケ属菌類が土壌中に形成する。

さ

坐生	子実体が棚状に、幹や枝からほぼ垂直に形成されること。所謂サルノコシカケ形。
傘肉	子実体の傘の表面と管孔部との間の内部組織。
子座	菌糸組織からなる塊。子のう菌が胞子形成のために作る菌糸組織を指すことが多い。
子実層	胞子を形成する担子器や子のうが多数集合して並んでいる部分。顕微鏡下で観察できる。
子実層托	子実体の胞子が形成される部分で、とくに肉眼で確認できる管孔、ヒダなどを指す。
子実体	胞子を形成するために菌糸が分化してできた大型の繁殖用組織。
シスチジア	子実層に形成される異形細胞のひとつで、膨潤した無色の細胞。先端部が結晶で覆われるものもある。のう状体ともいう。
子のう殻	壺状〜フラスコ状の組織で、内部で子のうが形成される。胞子を放出する孔口がある。

子のう菌類	子のうという袋の中で減数分裂を経て胞子が形成される菌類。子のう内には通常8個の子のう胞子が形成される。
子のう胞子	子のう内で作られる胞子。
心材腐朽	樹木の心材部が腐朽する現象。

た

帯線（たいせん）	木材や培地などに形成される褐色～黒色の線で、菌糸により構成される。
多年生	前年形成された子実体の周囲に翌年以降も菌糸が成長し、子実体が多年にわたり成長を続け大型化すること。
担子菌	担子器と呼ばれる細胞から減数分裂を経て胞子を形成する菌類。
担子胞子	担子器から形成される胞子。担子柄と呼ばれる通常4本（2本や6本の場合もある）の尖った柄の先にそれぞれ1個ずつ作られる。
ツバ	ハラタケ目のキノコの柄の傘の付け根部分に付着する膜状の菌糸組織。未熟なヒダを覆っていた膜が傘の成長とともにちぎれ、破片が柄に残存したもの。
デキストリノイド	メルツァー試薬により菌糸や胞子などが褐色に染まること。偽アミロイドともいう。

な

軟腐朽	一部の子のう菌類や不完全菌類が原因で起こる腐朽。水浸しの木材に発生することが多く、セルロースだけが分解される。
根株腐朽	樹木の地際部や根が腐朽するタイプの腐朽。

は

白色腐朽	木材中のセルロースとリグニンが同時に分解されるタイプの腐朽。腐朽が進むと木材は白っぽくなる。
辺材腐朽	樹木の辺材部が腐朽する現象。形成層も同時に侵され、溝腐れ症状になることが多い。
背着生（はいちゃくせい）	子実体が傘を作らず、樹木の幹や枝上に平たくこうやく状に広がること。
発芽孔（はつがこう）	胞子の細胞壁に存在する孔で、その部分から発芽管が伸長する。
発芽スリット	胞子の細胞壁に存在する溝で、発芽時に裂開しそこから発芽管が伸長する。マメザヤタケなどクロサイワイタケ科菌類の子のう胞子に存在する。
半背着生（はんはいちゃくせい）	子実体は幹や枝上に平たくこうやく状に広がるが、上縁は反転して傘を作ること。

半被実性(はんひじつせい)	子実体の子実層が未熟なうちは内部に隠れているが、成熟すると外部に露出すること。ハラタケ目菌類の特徴とされる。
標徴	標徴とは植物体上に形成された病原体の組織。子実体、菌糸膜、根状菌糸束などがある。
病徴	病気の進行による樹体の変化で、寄生病害の場合は葉の変色、萎凋、枝枯、早期落葉、ヤニの流出などの症状。
不完全菌類	交配を経ずに体細胞分裂によって胞子が形成される菌類。所謂カビ。子のう菌類や担子菌類は減数分裂によって胞子を形成するが、種によっては生活環の一部で無性的に胞子を形成することもあり、その場合は不完全菌類として扱われる。
分生胞子	分生子ともいう。分生子柄という分化した菌糸の先端部から外生的に形成される胞子。
分節型胞子	菌糸が隔壁部で直接断片に分かれることにより形成される胞子。
分生子束(ぶんせいしそく)	分生子柄が多数集合して束になった組織。
胞子紋(ほうしもん)	子実体の子実層面を白紙などの上に伏せて放置すると大量の胞子が落下してできる紋。とくにハラタケ目菌類の胞子の色を観察するのに用いられる。

ま

幹腐朽	樹木の幹の比較的上の部分が腐朽すること。
無柄(むへい)	子実体が柄を持たないこと。
メルツァー試薬	ヨード、ヨウ化カリウムなどを溶かした水溶液で、顕微鏡下で菌糸や胞子などの呈色反応を調べるために用いられる。
毛被(もうひ)	子実体の傘の表層部分に存在する毛の層。

や

有柄(ゆうへい)	子実体に柄があること。柄の付き方によって中心生、偏心生、側生などに区別される。

ら

裸実性(らじつせい)	子実体の子実層が最初から外部に露出して形成されること。ヒダナシタケ目の特徴とされる。

2　木材腐朽菌の性質

1）木材腐朽菌の生活環

　大多数の木材腐朽菌は担子菌類で、担子胞子によって繁殖する。放出された担子胞子は木材の表面などに付着すると発芽して菌糸となり材内に侵入する。しかし、ごく一部の例外を除き、1個の担子胞子から発芽した菌糸にはそのままでは子実体を形成する能力がない。他の担子胞子から発芽した菌糸との交配を経て、初めて子実体を形成することが可能になる。1個の胞子から発芽した菌糸の細胞には核が1つ含まれ、他の菌糸との交配が成立すると1細胞に2つの核が存在することになる。

　この菌糸同士の交配には性因子が関与し、同じ性因子を持つ菌糸間では交配は起こらない。多くの担子菌類では交配した菌糸の隔壁部にはかすがい連結と呼ばれる突起が形成されるので、顕微鏡下で交配の有無の判別ができる。ただし、タバコウロコタケ科の菌類や、サルノコシカケ科のシロサルノコシカケ属菌類、スルメタケ属菌類のように菌糸にかすがい連結を持たないグループも存在する。菌糸にかすがい連結を持たないグループも菌糸同士の交配を行うが、その仕組みはまだ十分に解明されていない。

　腐朽材には交配後の菌糸だけではなく交配前の菌糸も存在するように思われるが、実際に腐朽材から分離試験を行うと、かすがい連結のある菌糸だけが分離され、交配前の菌糸が得られることはない。このことから、菌糸同士の交配はかなり早い時期、おそらく胞子が発芽した直後に起きると考えられる。交配が成立した2核菌糸体は木材を分解して栄養を摂取し、ある程度腐朽が進行すると子実体を形成する。子実体の子実層では担子器という細胞が作られ、担子器内で2つの核が融合したのち、減数分裂を経て通常4個の担子胞子が形成される。この担子胞子が次世代の菌糸となる。また、担子菌類はこのほかに体細胞分裂によっても胞子を形成することがあり、このように作られた胞子は無性胞子と呼ばれるが、この無性胞子による繁殖も生活環の一部となっている（図Ⅰ-2-1）。

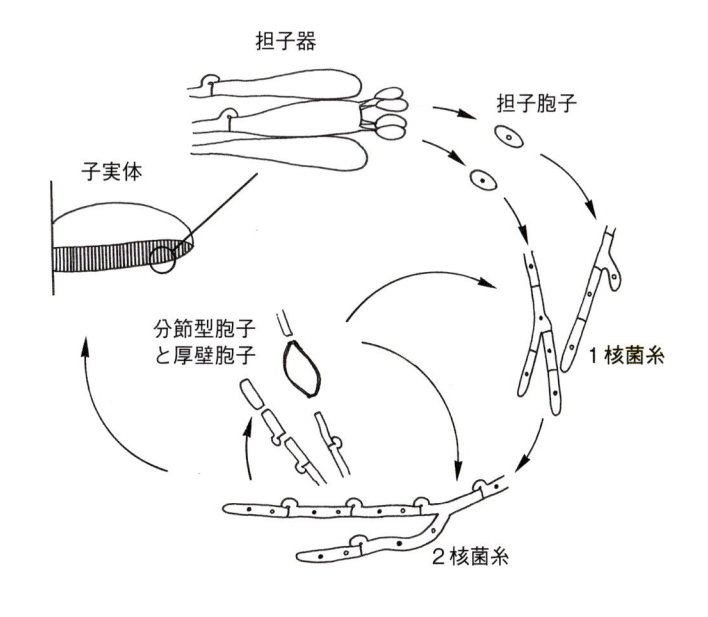

図Ⅰ-2-1　担子菌類の生活環

2）木材腐朽菌の感染方法

　菌類病の感染には、胞子による感染と菌糸による感染の２つの方法があるが、胞子による感染が大半を占めると考えられる。木材腐朽菌では、幹や枝に発生した子実体で胞子が作られ、風や雨滴、動物の媒介などによって他の樹木に運ばれる。多くの木材腐朽菌の胞子は水分が与えられれば直ぐに発芽して菌糸となるが、健全な樹木の木部は樹皮に覆われているため菌糸が樹体内に侵入するのは難しい。樹木に枯枝が存在したり、木部に達する傷がある場合にはじめて木材腐朽菌の侵入が可能になる。大量に放出された胞子のうち、枯枝や傷口などに付着した幸運な胞子だけが樹体内に侵入する機会を得ることになる。木材腐朽菌の中にはツリガネタケやホウロクタケのように春に胞子を形成する種もあるが、大多数の種では夏〜秋期に子実体が成熟し胞子を放出する。そのため、腐朽病害の感染はほとんどが夏から秋に起こると考えて良い。また、気温が高い季節には木材腐朽菌の菌糸成長も盛んであり、腐朽の進み方も早い。

　腐朽病害は菌糸によって他の樹木に感染することがあり、とくに根株腐朽では菌糸による感染がしばしば発生する。ナラタケは土壌中に根状菌糸束と呼ばれる強靭な菌糸の束を形成し、自力で隣接木に感染する。ナラタケの根状菌糸束は水分の多い土壌や有機物の多い土壌で多く形成される傾向があり、このような条件の場所では被害が多発する。シマサルノコシカケ、キンイロアナタケ、マツノネクチタケなどの根株腐朽菌は菌糸束を形成することはないが、樹木同士の根の接触部から隣接木に感染することが知られている。緑化樹木に多く発生するベッコウタケも根系を介して隣接木に感染すると考えられている。しかし、根株腐朽菌のすべてが根系を介して感染するわけではない（図Ⅰ-2-2）。

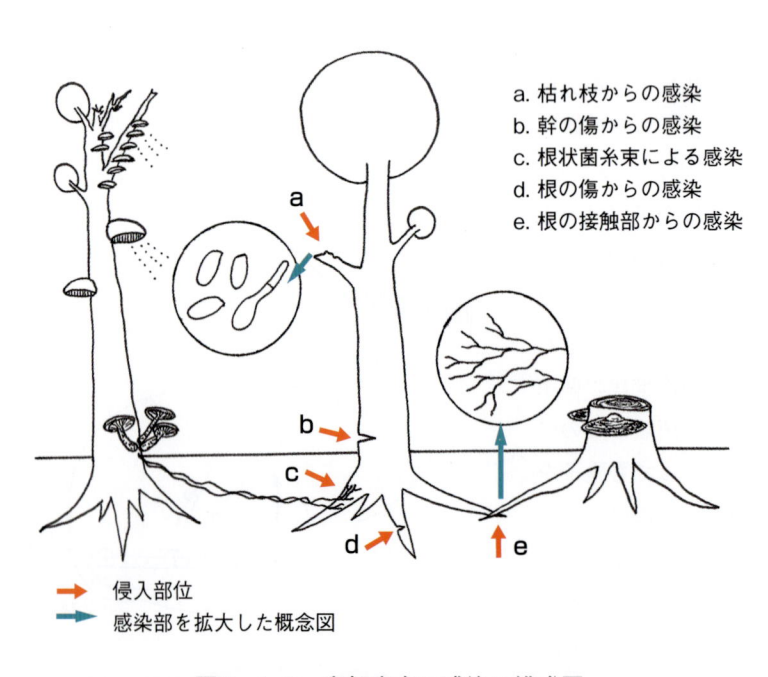

a. 枯れ枝からの感染
b. 幹の傷からの感染
c. 根状菌糸束による感染
d. 根の傷からの感染
e. 根の接触部からの感染

→ 侵入部位
→ 感染部を拡大した概念図

図Ⅰ-2-2　腐朽病害の感染の模式図

3）胞子の性質

　木材腐朽菌の大多数は担子菌類であり、感染はほとんどが担子胞子によって起こる。しかし、一部の種は分生胞子などを形成し、それらの胞子も感染に関与していると考えられている。分生胞子は分生子柄という分化した菌糸から形成される胞子で、担子菌類にはこのタイプの胞子を形成する種は少ないが、オオヒラタケは子実体の周囲に大量の分生胞子を形成する。厚壁胞子は菌糸が部分的に肥大してできる胞子で、分節型胞子は菌糸が隔壁部で分断してできる胞子である（**写真Ⅰ-2-1・2**）。厚壁胞子や分節型胞子は担子菌類に比較的多く見られる。ベッコウタケやヒラフスベ（アイカワタケ）は子実体の組織や腐朽材などに厚壁胞子を多数形成する。マスタケやアイカワタケ、シマサルノコシカケなどは菌糸から分節型胞子を形成する。これらの無性胞子が実際にどのように感染に関与しているかについてはまだ十分に研究されていない。

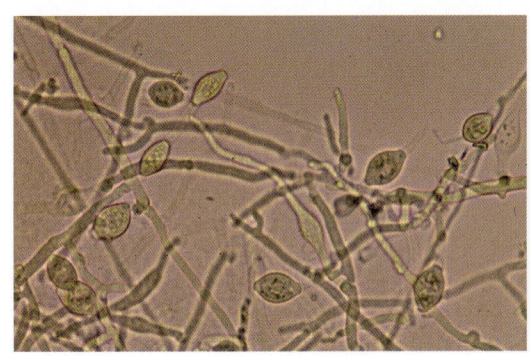

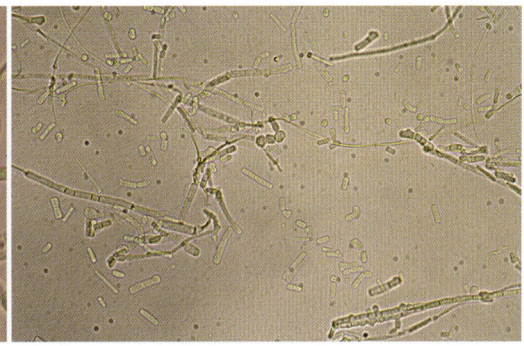

写真Ⅰ-2-1　厚壁胞子（ハナビラタケ）　　写真Ⅰ-2-2　分節胞子（シマサルノコシカケ）

　多くの木材腐朽菌の担子胞子は細胞壁が薄く乾燥しやすいため、発芽が可能なのは成熟してから数日程度である。従って、子実体から放出された担子胞子は、数日以内に生育に適した条件に恵まれない限り死滅してしまう。しかし、中には胞子の耐久性が高く、生育に適さない環境では休眠し、環境条件が良くなると発芽する種も存在する。コフキタケやマンネンタケなどの担子胞子は耐久性を有するが、このような胞子は細胞壁が厚く、環境の変化に耐え得る構造になっている。

　胞子の発芽には水分、酸素、一定の温度条件が必要であり、これらのひとつの条件が欠けても発芽は起こらない。発芽に適した温度条件は腐朽菌の種によって異なるが、大多数の種は20〜30℃に適温がある。ヒイロタケやカワウソタケなど夏に発生する種は発芽適温が30℃以上と高温域にある。胞子の発芽に栄養分は必ずしも必要ではないが、栄養分があると発芽が促進される。たとえば、樹液や樹皮・木材の侵出液は木材腐朽菌の胞子の発芽を促進することが知られている。

　胞子の発芽形態には大きく分けて以下の3通りのタイプがある。①胞子が吸水し膨潤してから発芽管が伸長するタイプ、②発芽孔から発芽管が伸長するタイプ、③発芽スリットが裂開して発芽管が伸長するタイプである（**図Ⅰ-2-3**）。②と③のタイプの発芽を行う胞子は一般に細

胞壁が厚く耐久性があるが、①のタイプの胞子は細胞壁が薄いので耐久性はあまりない。胞子が膨潤して発芽するタイプにはカワラタケやヒラタケ、発芽孔から発芽するタイプにはコフキタケやベッコウタケ、発芽スリットから発芽するタイプには子のう菌類のオオミコブタケやクロコブタケなどがある（写真 I-2-3）。

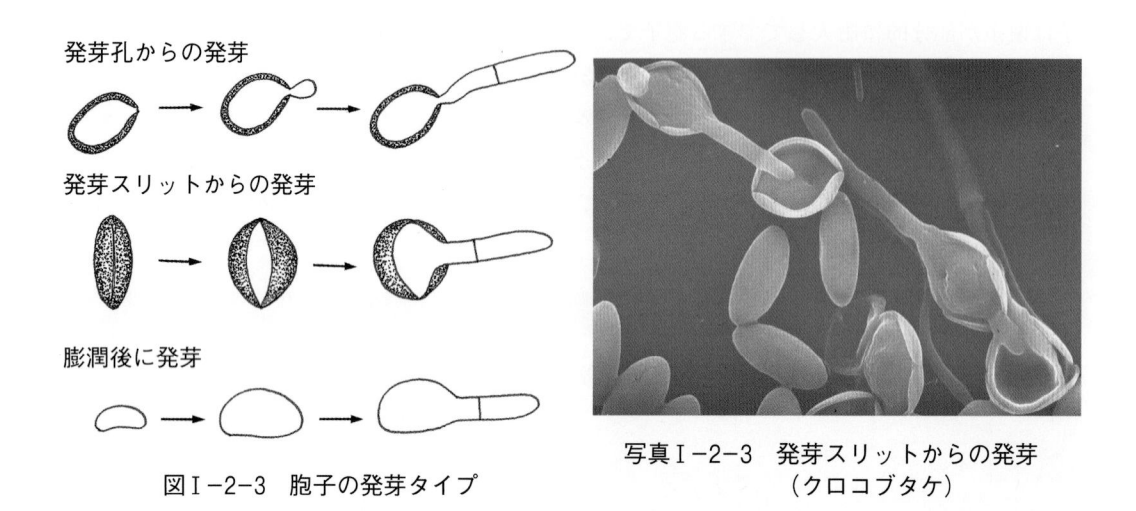

図 I-2-3 胞子の発芽タイプ

写真 I-2-3 発芽スリットからの発芽
（クロコブタケ）

4）菌糸の性質

　木材腐朽菌は幹や枝上に大きな子実体を形成するので子実体が本体と誤解されることがあるが、本体は腐朽材中の菌糸である。子実体は胞子を生産するための組織に過ぎず、植物で言えば花に相当する。幹などに発生した子実体を削り取れば腐朽は止められるかという質問がよく寄せられるが、子実体を除去しても本体の菌糸は腐朽材中に残るので、腐朽の進行にはほとんど影響を及ぼさない。花を摘んでも植物の生死に影響がないのと同様である。子実体は大量の菌糸の塊であり、形成には大きなエネルギーが必要なため、樹体内で腐朽がある程度進まないと子実体は形成されない。一方で腐朽材中の菌糸は意外に低密度であり、顕微鏡下でも木材中の菌糸は見つけにくい。しかし、腐朽が進行すると、腐朽した材の隙間などに大量の菌糸が形成されることがある。腐朽菌の菌糸は主に木部の道管や仮道管内を伸長し、酵素を分泌して周囲の木部細胞壁を溶解して栄養源としている（写真 I-2-4・5）。

　腐朽菌の菌糸の生育には適度の水分と温度が必要である。樹種や腐朽菌の種によって若干異なるが、木材の含水率が 30〜70% の場合に腐朽が早く進み、それ以上あるいはそれ以下の含水率では腐朽は余り進まない。樹木の辺材部は通水を行っているため水分飽和状態にあり、健全な樹木の辺材部で腐朽菌が生育するのは困難である。また、菌糸は水分の欠乏に弱いので乾燥状態に置かれると直ぐに死滅する。

　生育温度に関しては、大多数の腐朽菌は 20〜30℃ で最も菌糸の成長が盛んになるが、ヒイロタケのように 35℃ 以上を適温とする高温性の腐朽菌や、ツリガネタケのように比較的低温域に

適応している腐朽菌も存在する。しかし、いずれの腐朽菌も菌糸成長が盛んになるのは春〜秋期で、気温が10℃以下になると菌糸成長は極めて遅くなり、腐朽もほとんど進まない。

　樹体内における腐朽菌の生育は一般に遅く、腐朽の進行は1年間に軸方向に数cm〜数十cm程度である。とくに心材部には抗菌性物質が蓄積されているため、腐朽はゆっくりと進行すると考えられる。一方、青変菌のように腐朽力を持たず辺材部の可溶性物質を栄養源としている菌類は材内における生育が早く、1シーズンで軸方向に1m以上も変色が広がることが報告されている。

写真Ⅰ-2-4　腐朽材上に出現した白色の菌糸
（ハナビラタケ）

写真Ⅰ-2-5　腐朽材から分離された菌株
（シイサルノコシカケ）

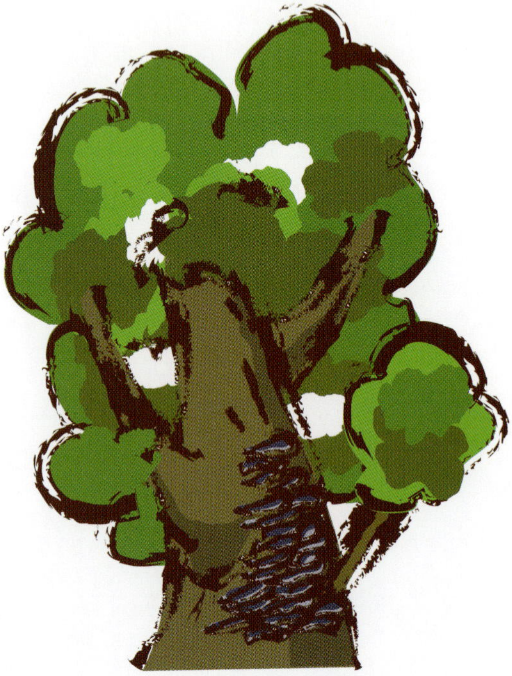

II
緑化樹木腐朽病害の診断と対策

1　緑化樹木腐朽病害の診断

1.1　樹木の腐朽病害について

1）木材の腐朽と腐朽病害

　木材の腐朽は変色、変形と並ぶ木材の劣化現象のひとつで、何らかの原因により木材が分解され強度が低下する現象である。強度低下を伴う木材の劣化には様々な原因があり、その中には紫外線や大気汚染物質などの非生物的因子も含まれる。しかし、実際には木材の分解はほとんどが生物によって起こされると言って良い。木材の分解を起こす生物としては、昆虫、とくにシロアリ類やキクイムシ類も挙げられるが、全体として見れば微生物、中でも菌類（糸状菌類、真菌類ともいう）が原因となることが圧倒的に多い。そのため、木材の腐朽といえば一般には菌類による分解を意味する。

　菌類はいわゆるキノコやカビの仲間で、膨大な種数を誇る生物群であるが、落葉の分解、植物の病気、菌根の形成などに関与する種が多く、木材を分解する能力がある種は限られている。木材分解力を持つ菌類は特定の分類群に所属しており、それらの菌類を木材腐朽菌、あるいは木材腐朽菌類と呼んでいる。

　樹木の腐朽病害は生立木腐朽、あるいは材質腐朽病などとも呼ばれる。腐朽病害は生きている樹木の死んだ組織が分解される現象で、枯死木、倒木、用材などの腐朽と基本的には同じ現象である。従って、腐朽が進行しても多くの場合は樹木の生死に直接影響を及ぼさない。腐朽病害で問題となるのは、腐朽の進行によって幹や根株の強度が低下し、地上部を支えきれなくなって幹折れや根返りを起こすケースがほとんどである。

　木材腐朽菌は木材という樹木の死んだ組織を分解し栄養を摂取しているので、その生活様式を腐生、あるいは死物寄生と呼ぶ。これに対して生きた組織からのみ栄養を摂取し、樹木が死んでしまうとそこに寄生している菌も死んでしまうタイプの生活様式を絶対寄生と呼ぶ。絶対寄生の例として、うどんこ病菌やさび病菌などが知られている。一方、木材腐朽菌の中には死んだ組織も分解するが、条件によっては生きた組織に侵入し栄養を摂取する種も存在する。このように微生物が条件によって腐生と寄生という2つの栄養摂取方法をとることを条件的寄生と呼ぶ。緑化樹木などに多く発生するベッコウタケやナラタケは腐生と寄生の両方を行う条件的寄生菌であり、木部だけではなく形成層などの生きた組織も侵す。このため、ベッコウタケやナラタケによる病害が進行すると樹木は衰弱し、ついには枯死することもある（**写真Ⅱ－1.1－1**）。

写真Ⅱ-1.1-1　ベッコウタケによる根株腐朽で幹折れを起こし傾いた樹木

写真Ⅱ-1.1-2　枯れ木に発生した腐朽菌の子実体（ムキタケ）

2）木部の構造と腐朽

　木材は木部細胞が集積したもので、広葉樹は道管、木部繊維、柔細胞などから、針葉樹は仮道管と柔細胞などから構成されている。木部では辺材部の柔細胞など一部の細胞を除き、ほとんどすべての細胞が死滅しており、細胞壁だけが残された状態となっている。

　木部細胞の細胞壁はセルロース、ヘミセルロースおよびリグニンから構成されている。細胞壁中のセルロース、ヘミセルロース、リグニンの割合は樹種によって多少異なるが、針葉樹ではそれぞれ40〜50%、25〜30%、25〜35%程度で、広葉樹ではそれぞれ40〜50%、25〜40%、20〜25%程度である。セルロースはグルコースすなわちブドウ糖が直鎖状に結合した高分子の多糖類であり、ヘミセルロースはキシロース、マンノース、アラビノースなどグルコース以外の糖が結合した高分子の多糖類である。リグニンは複雑な構造を持つ芳香族の高分子化合物で、細胞壁中でセルロース、ヘミセルロース（以下セルロース類と呼ぶ）と絡み合って三次元網目構造を形成している。木材を鉄筋コンクリート構造のビルに喩えれば、セルロース類は鉄筋、リグニンは鉄筋を取り囲むコンクリートに相当する。

　木材の腐朽は、木部細胞の細胞壁の構成要素であるセルロース類およびリグニンが、木材腐朽菌の分泌する酵素によって分解されることによって起こる。木材腐朽菌の菌糸は主に道管や仮道管内を伸長し、酵素を分泌して周囲の細胞壁を分解する。木材腐朽菌は種類により、木材中のセルロース類とリグニンを同時に分解するグループと、セルロース類だけを分解しリグニ

Ⅱ-1.1 緑化の腐朽病害について

ンを残すグループに分かれる。セルロース類とリグニンが同時に分解されるタイプの腐朽では、腐朽が進行すると木材は白っぽくなるのでこれを白色腐朽と呼んでいる（写真Ⅱ-1.1-3）。セルロース類だけが分解されリグニンが残るタイプの腐朽では、腐朽が進むと木材は茶色くなるため、これを褐色腐朽と呼んでいる（写真Ⅱ-1.1-4）。白色腐朽を起こす木材腐朽菌を白色腐朽菌、褐色腐朽を起こす木材腐朽菌を褐色腐朽菌と呼ぶが、両者は分類学的に異なったグループに分けられている。

　木材を分解する能力、すなわち木材腐朽力は腐朽菌の種毎に備わった性質である。たとえば、カワラタケ、コフキタケ、ベッコウタケなどは系統により若干の差は見られるものの、概して大きな木材腐朽力を有する。一方、ヒトクチタケ、ヌルデタケ、スエヒロタケなどはほとんど腐朽力を持たず、幹や枝が枯死すると他の菌に先駆けて発生するパイオニア的な性質を持っている。

写真Ⅱ-1.1-3　白色腐朽材（シマサルノコシカケ）　　写真Ⅱ-1.1-4　褐色腐朽材（カイメンタケ）
褐色の網目状帯線が形成されている

3）腐朽の発生する部位

　樹木の木部は心材と辺材に区分されるが、腐朽のタイプも心材部が腐る心材腐朽と辺材部が腐る辺材腐朽に分けられる。生きている樹木には心材腐朽の被害が圧倒的に多く、辺材腐朽の被害は少ない。逆に枯死木、丸太、用材などでは辺材部が腐りやすく、心材部は腐りにくいことが知られている。生きている樹木と枯死した樹木における心材と辺材の腐りやすさの違いにはいくつかの要因が関与していると考えられている。

　生きている樹木の辺材部は水分通導を行っているため含水率が高く、空気はほとんど存在しない。また、辺材部には柔細胞や樹脂細胞など生きた細胞が存在するという特徴がある。一方、心材部は水分通導を行っていないので含水率は低く、内部には空気が存在する。心材部の細胞はすべてが死滅しているが、フェノール類などの抗菌性物質が多く蓄積されている。木材腐朽菌の生存には酸素と適度な水分が必要であるが、生きている樹木の辺材部は水分でほぼ飽和されているため生育が困難である。さらに、辺材部には生きた細胞が存在するので侵入物に対して防御反応も起きる。大多数の木材腐朽菌は腐生性で生きた組織を侵すことはできないため、

抗菌性物質が存在するもののほかには障害のない心材部をゆっくりと腐朽させて心材腐朽を起こす。モミサルノコシカケやチャアナタケモドキなど寄生性を有する一部の木材腐朽菌のみが辺材部に侵入し、辺材腐朽を起こすと考えられる。

　生きている樹木の腐朽は、幹の地際部分や根が腐朽する根株腐朽と、幹の比較的上部が腐朽する幹腐朽に大きく分けることができる（図Ⅱ－1.1－1）。根株腐朽を起こすか幹腐朽を起こすかは木材腐朽菌の感染様式や生理的性質の違いによるところが大きく、腐朽菌の種に備わった性質と言える。ベッコウタケ、シマサルノコシカケ、カイメンタケなどは根株腐朽を起こし、カワラタケ、カワウソタケ、チャカイガラタケ、ヒイロタケなどは枝や幹の腐朽を起こす。しかし、根株腐朽と幹腐朽にはっきり区別ができない場合もある。たとえばコフキタケによる腐朽は幹腐朽に区分されるが、実際には地際部や根の腐朽被害を起こすことも多い。

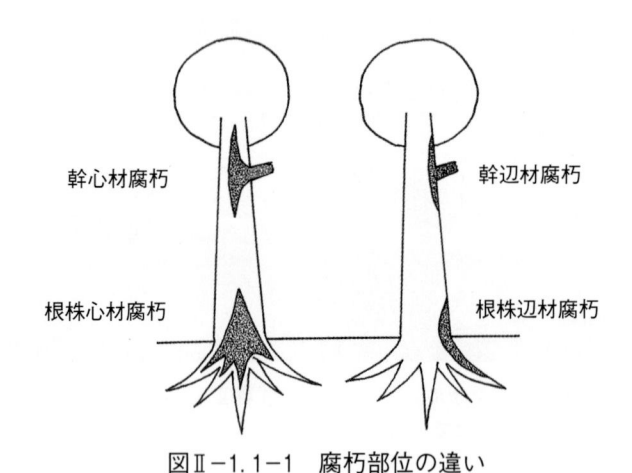

図Ⅱ－1.1－1　腐朽部位の違い

1.2 腐朽病害の見分け方

1) 外見による被害木の診断

　生きている樹木内部の腐朽の状態を正確に診断することは難しい。近年は音波や電磁波等を利用した様々な診断機器が開発され内部腐朽の診断に利用されるようになったが、経費の問題などからこれらの機器をすべての現場に導入することは不可能である。そこで、まず道具を使わない肉眼による観察によって樹木の外部変化を把握することから始めることになる。

　植物の病害は一般に、病徴と標徴という2つの指標により感染の有無や罹病状態を診断する。病徴とは病気による樹体の変化で、寄生病害の場合は葉の変色、萎凋、枝枯、早期落葉、ヤニの流出などの症状である。しかし、ならたけ病やべっこうたけ病など少数の寄生性の病害を除き、腐朽病害では腐朽が進行しても外部にこれといった変化は現れず、病徴と呼べるのは腐朽した材だけである。腐朽病害では枝や幹の傷害部など、腐朽部が露出している場合にのみ病徴が観察できる（写真Ⅱ-1.2-2）。広葉樹では根株腐朽が進行するとまれに地際部が異常に肥大することがあるが、針葉樹ではこのような現象は見られない（写真Ⅱ-1.2-1）。

　標徴とは植物体上に形成された病原体の組織を意味し、腐朽菌の場合は子実体や菌糸体などである。樹木上に腐朽菌の子実体や菌糸体などが出現すれば、内部で腐朽が進行している可能性が高い。中でも子実体の形態や形成量は腐朽診断の重要な目安となる。子実体の形態から腐朽菌の種が同定できれば、腐朽菌の腐朽力も推定できる。また、樹体内における腐朽の状態と子実体の形成量とは大体比例しており、腐朽が進むと大量の子実体が形成されたり、大型の子実体が形成される。このようにまず肉眼により樹木の状態を観察し、病徴や標徴が発見されて腐朽被害が予想される場合、次の段階として機器を使用して診断を行うことになる。

写真Ⅱ-1.2-1　根株腐朽により地際部が異常に肥大したクスノキ

写真Ⅱ-1.2-2　スダジイの幹腐朽被害

2) ＶＴＡ手法による心材腐朽の診断

　腐朽病害の診断は、子実体（キノコ）発生の有無に大きく左右される。キノコが確認できる場合には、その種類によって樹体で何が起きているかをある程度推察することができるが、実際には、キノコが確認できない場合が多く、幹や根株の心材腐朽または辺材腐朽、またそれぞれについて白色腐朽か褐色腐朽など、腐朽の状態の判定にとどまる場合が多い。

　辺材腐朽の場合は、外観から樹皮の枯死、また枯れ枝の発生などが起こり判明しやすいが、心材腐朽にいたっては内部でどの程度の被害が起きているかを判定することは難しい。

　写真Ⅱ－1.2－3～5は、心材腐朽が大規模に進んだ結果、幹折れなどの被害を受けた樹木の事例である。

　これら心材腐朽の被害を外観から判断する手法（Visual Tree Assessment ＝ VTA）を唱えたのがドイツのクラウス・マテック博士である。博士の提唱するＶＴＡ手法の内容は、腐朽や空洞、クラック（亀裂）など構造的な欠陥が発生すると、樹木が内部応力の変化に反応し、樹体自身の強度を保持するために局部的に年輪成長を早め部分的に補強する。その結果、外観的に局部的な肥大成長など膨らみによる形の変化や樹皮の色の変化（急激な肥大によりバーク部が割れ新鮮な樹皮が見えるため）が現われる（図Ⅱ－1.2－1・2、写真Ⅱ－1.2－6）。これら樹木の"表情"を詳しく観察することで樹体内部に起きている強度の低下現象を察知できる。

　コフキタケやシイサルノコシカケなどの発生が見られた樹木では、内部が激しく腐朽し空洞化している可能性があるので、それらのキノコの発生位置を目安として適切な診断機器を使用して空洞の規模（または健全な材の厚み）を確認しておく必要がある。また、キノコの発生が確認できなくても、ＶＴＡ法や木槌打診（写真Ⅱ－1.2－7）によって異常が確認できた場合も同様に必要である。

写真Ⅱ－1.2－3
折損下部にシイサルノコシカケが発生（マテバシイ）

写真Ⅱ－1.2－4
幹中央および根元にコフキタケが発生（ムクノキ）

写真Ⅱ－1.2－5
外部にキノコの発生が見られなかったシイノキ

Ⅱ-1.2 腐朽病害の見分け方

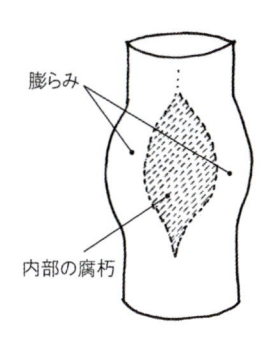

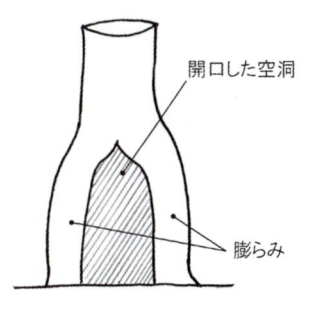

図Ⅱ-1.2-1　内部の腐朽や空洞が大きくなると強度を補強しようとして局部的に膨らみができる

図Ⅱ-1.2-2　荷重が大きくなると局部的な肥大成長が始まる。その結果、樹皮は鮮やかな色を呈する

写真Ⅱ-1.2-6　折損した大枝下部の幹の樹皮に急激な肥大成長の表情（赤みを帯びた樹皮）を見せているシイノキ

写真Ⅱ-1.2-7　木槌打診

3）機器による診断

　これらの心材腐朽による被害を確認し安全に管理してゆくためには、内部の状態を把握しておく必要がある。近年、手軽に幹内部の状態を調べることのできる数種類の診断機器が開発されている。

(1) レジストグラフ（半非破壊式）

　直径3mm程のドリル歯を回転させながら一定速度で貫入してゆき、その際得られる回転ドリル歯に対する抵抗の大小で空洞の位置や腐朽をある程度正確に調べることのできる機器である（マツやスギ等の針葉樹では年輪が記録される）。

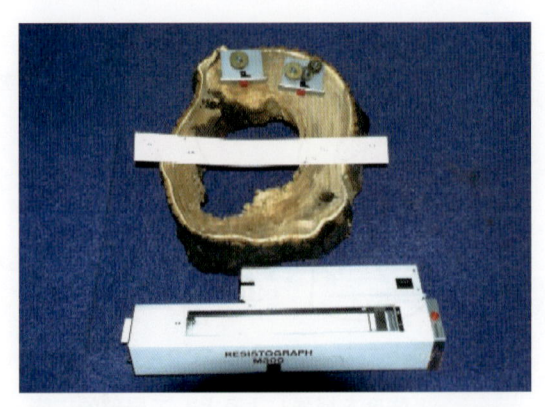

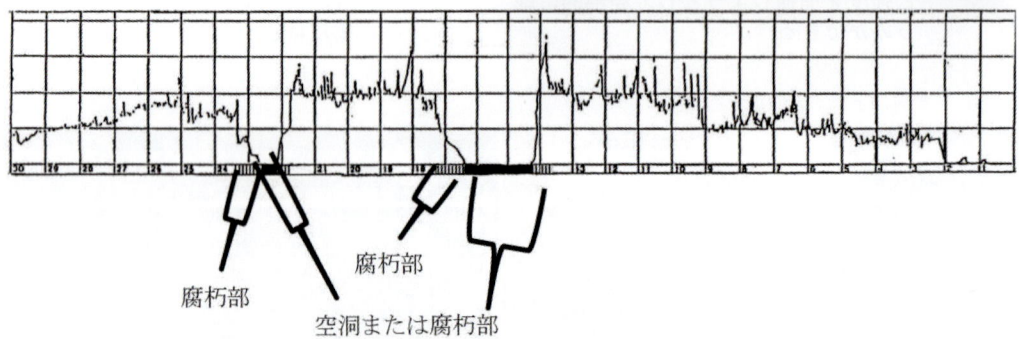

図Ⅱ-1.2-3　レジストグラフM300（上写真）とデータの波形（下図）
データは相対的な高さで表示される

(2) γ線樹木腐朽診断器（非破壊式）

　放射線は物質を透過する際に、物質による吸収によって線量が減少し、さらに物質の厚さおよび密度によって変化する。腐朽材は、密度が低下していることから放射線の透過線量が健全

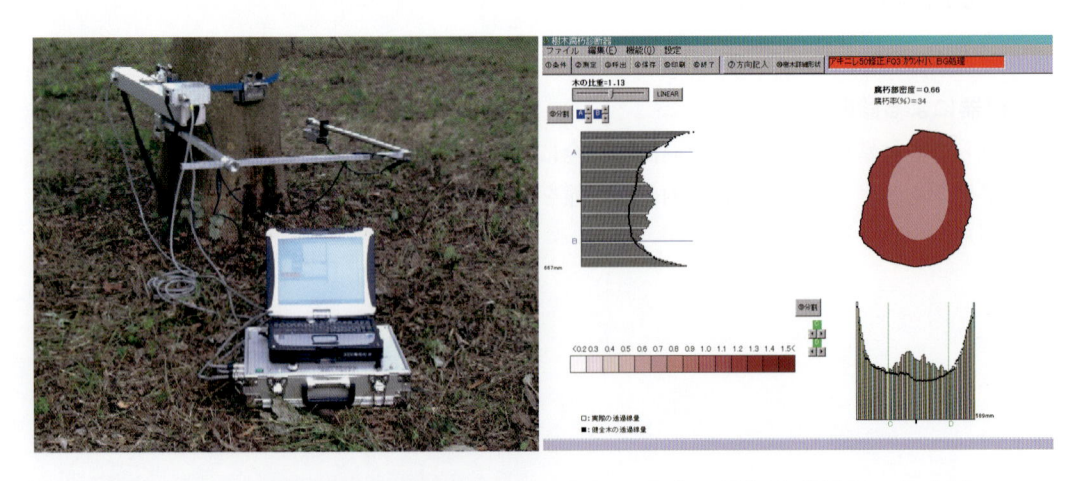

図Ⅱ-1.2-4　γ線樹木腐朽診断器（GTC-γ0.7T-ABL）（左）と表示データ（右）
表示データ内で幹断面図の白く抜けている部分が腐朽または空洞の範囲

Ⅱ- 1.2　腐朽病害の見分け方

材に比較して高くなるため、高く検出された部分の大きさで腐朽割合を予測することが可能となる。測定は、樹幹を挟んで放射線源と放射線検出器を水平にスライドさせながら、刻々の放射線透過線量をパソコンに取り込み、樹木が健全である場合の放射線透過線量推定値（計算値）との比較を行うことで、内部腐朽状況を推測し、図化するものである。

（3）ピカス、インパルスハンマー（半非破壊式）
　ピカスおよびインパルスハンマーはいずれも幹の内部を伝わる音波の速度を計測して空洞や腐朽等がどの程度存在しているかを概ね想定することのできる機械である。インパルスハンマーによる調査では、ケヤキ、サクラ類等の堅木ではおよそ800～1000m/s以上という値を示し、空洞率（面積）が50%程度以上となるとおよそ400m/s以下、ヤナギ類やプラタナスで200m/s程度以下の値を得ている。ただし、根株腐朽の診断には適さない。ピカスはインパルスハンマーを発展させたもので内部の腐朽状況を推測し、段階的に色分けして図化するものである。

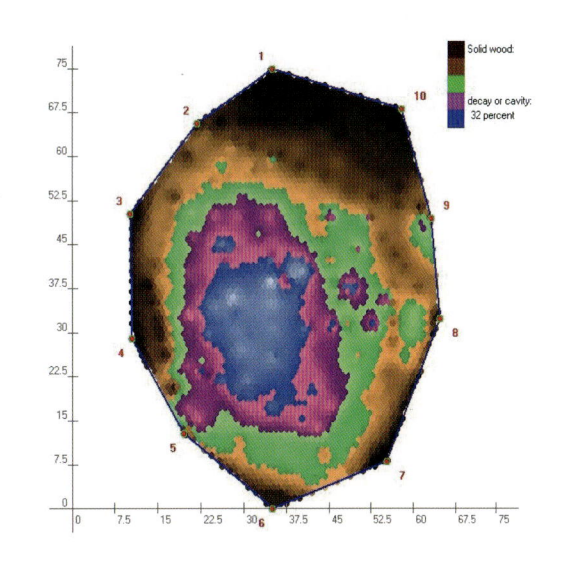

図Ⅱ-1.2-5　ピカス診断機器（左）とデータ（右）
データは自動計算され、速度別に色分けされる。茶褐色が健全域で緑、赤、青の順で腐朽が進行し、白色が空洞部であることを表示する

　写真Ⅱ-1.2-8はベッコウタケ（根株心材腐朽）に侵され、台風による強風にあおられて根元から折損したユリノキである。同じユリノキの並木には、倒木はしなかったものの同様に根元にベッコウタケが発生していたものが数本発見された。写真Ⅱ-1.2-9は根元を掘削して太根と根株の調査の結果、危険と判定され撤去されたユリノキである。
　根元部分は幹と根系が接続する範囲であり、本来ナイロイド形に太くなる部分である。このような形態的特徴を持つ位置での心材腐朽に対する樹木の反応（膨らみ）を発見したり、木槌

写真Ⅱ-1.2-8
ベッコウタケの被害で倒木したユリノキ

写真Ⅱ-1.2-9
ベッコウタケの加害が大きいことから撤去されたユリノキ。支持根は腐朽し殆ど見られない

　打診による音の変化も聞き分けが難しい。しかし、時にはとっくり状に肥大していることがあるので、この場合は内部腐朽を疑ってよい。また、根株腐朽の機器診断に関しては、腐朽が根株の下方ほど大きいことが予想されるので、地際で機器診断を行っても、最大の腐朽部を捉えることが難しいため、これらの機器の利用は避けるべきである。実際には、罹病の可能性が疑われた場合には根元周辺を掘削し、目視を主体とした診断が有効である（使用が可能な場所ではレジストグラフも有効）。
　根株の心材腐朽に関してはキノコが発生していない限り、診断や判定には限界がある。

Ⅱ-1.2　腐朽病害の見分け方

<参考>アキニレの機器診断（井の頭公園）

根株腐朽菌が発生し、傾斜していることから危険防止のため伐採した事例

写真Ⅱ-1.2-10　調査木アキニレ
樹高18m、幹周1.8m、枝張10m

写真Ⅱ-1.2-11
地際に発生しているニレサルノコシカケと腐朽部周辺から発生した細い根

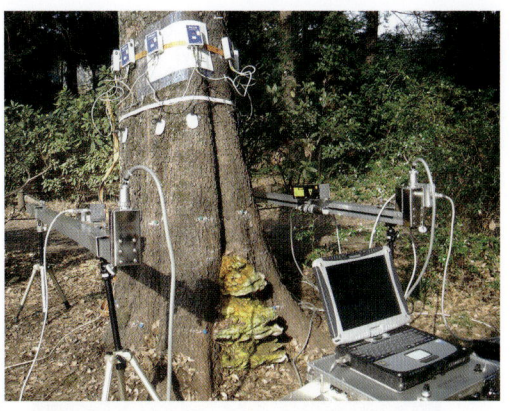

写真Ⅱ-1.2-12
ピカス（幹）とγ線（樹木の左右）機器装着

写真Ⅱ-1.2-13　γ線の照射
矢印の赤点は形状測定用レーザーの照射点。幹手前から奥へ移動

写真Ⅱ-1.2-14
ピカスのプローブをハンマーでたたく

写真Ⅱ-1.2-15　地上約50cmの実断面

白い線に囲まれた部分はスポンジ化した範囲

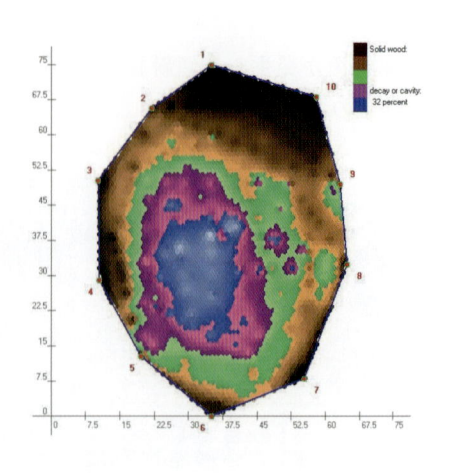

図Ⅱ-1.2-6　ピカス診断データ

ピカス測定位置：地上高約40cm、腐朽空洞率32％

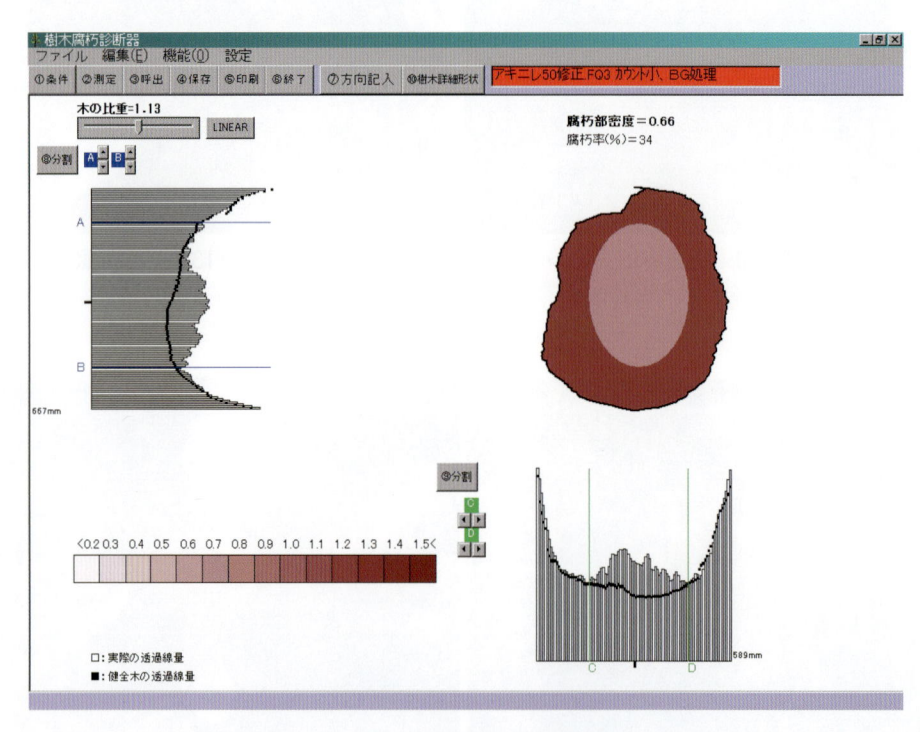

図Ⅱ-1.2-7　γ線樹木腐朽診断表示データ

γ線測定位置：地上高50cm、腐朽予測34％

透過するγ線量は腐朽部や空洞部で多くなる。図のA-B、C-D間は黒い連続点（計算で求めた断面の推定値）よりも多くγ線がカウントされた範囲で、腐朽または空洞と判定。

124

1.3 腐朽病害診断の課題

（1）腐朽病害の初期段階での判定

　成木であれば、程度の差はあってもほとんどすべての樹木が木材腐朽菌に感染していると考えてよい。しかし、それが病害といえるほどの状態かどうかはかなり判定が困難である。たとえば枝が枯れて腐朽していても、幹あるいは大枝と枝の境界部に形成される防御層が幹あるいは大枝への腐朽菌の侵入を阻んでいれば病害とは言えない。しかし、それが樹木の骨格をなす樹幹や大枝に侵入し力学的強度が著しく下がってしまうと重大な病害となる。ところが病害の程度となると外観からはなかなか判断がつかない。

　普通、木材腐朽菌は枝の折れ口や樹皮の剥がれ、胴枯れ病痕などの樹体にできた傷に附着した胞子が発芽して菌糸を樹体内に伸ばし増殖してゆくが、菌糸がかなり樹体内で増えないと子実体を出さない。ゆえに、幹材の腐朽はかなり度合が進まないと分からないことが多い。樹木管理上の課題としては腐朽病害の初期段階でも判別できる技術の開発が重要である。本書の前項でも述べられているように、木材腐朽菌に侵されているか否かは大体見れば分かるが、ごく初期段階での判断はいくつかの試薬に対する反応で判定できる。

　一方、ドイツのマテック博士らは成長錐で採取した幹材のコアをフラクトメーターという小さな機械でコアを少しずつ移動させて破壊テストを連続して行い、その曲げ強度や脆性から腐朽病害の有無を判定している。木材は白色腐朽の場合、セルロース、ヘミセルロース、リグニンのいずれも分解されるが、初期段階ではリグニンが先に分解されるため、曲げた時にポキッと折れず、ひものように曲がってしまうことから、白色腐朽がどの部分まで入っているかが判定できる。褐色腐朽の場合はリグニンはほとんど分解されず、セルロース、ヘミセルロースが分解されるので、材にねばり強さがなくなり、簡単にポキッと折れてしまう。このフラクトメーターによる成長錐コアの破壊試験は、現時点では生きた樹木の幹材における腐朽病害による力学的強度低下の程度を現場で判定できる唯一の方法であるが、成長錐による大きな傷が残ることが大きな欠点である。ゆえに、ごく初期段階で腐朽病害の有無を樹木をほとんど傷つけずに判定する技術が求められているが、今のところ見通しは立っていない。

（2）木材腐朽菌の種類の早期の同定

　木材腐朽菌は子実体が発生すれば種類の同定は容易であるが、菌糸だけで種を同定することはかなり困難であり、専門機関に委ねても判明するまでにかなり時間がかかる。もし、採取した腐朽材中の菌糸によって種の同定が簡便にできれば、将来、深刻な腐朽病害に発展する可能性があるのか、それとも樹勢回復策等の処置だけで済むのか、放置してもよいものかなどを早期に判断することができ、街路樹などの腐朽病害による倒伏被害をかなり減らすことが可能であろう。

1.4 腐朽病害の腐朽程度判定の課題

(1) 外観からの内部腐朽判定技術の確立

樹木の最初の診断は樹体の外観観察である。そこで異常が見つからなければ、ほとんどの場合問題なしとしてそれ以上の診断は行われない。ゆえに樹体に現れるわずかな徴候も見逃さずに内部腐朽の有無を判定する技術が求められる。

樹木は与えられた生育環境の中で、常に力学的に最適な状態にしようとしながら成長しており、条件の変化に応じて枝振りを変え幹の形を変えている。たとえば樹木は風が吹くと、その力を樹冠が受けるが、樹冠に伝わった力は大枝、幹、根と順次伝わり、最後は土壌に吸収される。その間、樹木は荷重に起因する力の流れが局部的に集中しないように、なるべく均等にしようとする。つまり単位面積当たりの負荷を枝、大枝、幹、根のいずれでもほぼ均等にしようとしている。しかし幹に空洞ができると力の流れがその周囲に残された健全材に集中し、それが一定の限界を超えると折れてしまうことになる。そこで樹木は空洞化部分の周囲の年輪成長を旺盛にして負荷の分散を図ろうとし、その結果幹の形が局部的に紡錘型に肥大する。このような樹木の力学的適応反応は、マテック博士（1994）によれば、白色腐朽のときには早い段階で起きるが、褐色腐朽のときには腐朽がかなり進行しないと起きないという。つまり白色腐朽の場合は、たとえ開口空洞化していなくても内部腐朽の有無を判定することが外観からある程度可能だが、褐色腐朽では困難ということである。

樹木の力学的適応は木材腐朽ばかりでなく亀裂や樹皮の損傷、切り欠きなどが生じても起きており、それぞれ形が異なるので、内部にどのような欠陥が生じているかが形から分かるが、問題はその程度までは判定が難しいことである。ゆえに今後の大きな課題は、木材腐朽の有無および程度と外観的徴候の関係を樹種別、大きさ別に詳細に調べ、外観診断技術を確立することである。

(2) 機械診断でのより高い精度の確立

樹幹内部の腐朽状態を判定する方法としては、古くは木槌による打診が広く行われてきたが、とくに銘木の買い付け業者にとっては極めて重要な技術として伝統的に受け継がれ、微妙な音の変化から腐朽や割れの程度を判断する名人、達人もいたようである。しかしその技術も現在はほとんど継承されてなく忘れられようとしている。それに代わって近年盛んに行われているのが機械による診断である。現在わが国で行われている樹幹内部の機械診断法にはレジストグラフ、インパルスハンマー、ピカス、γ線樹木腐朽診断器、横打撃共振法などがある。いずれも一長一短があり、ひとつの機械で巨大な樹木全体の腐朽状態を明らかにすることは困難である。しかし、その中でもピカスは①断層画像として内部腐朽の状態を視覚的に把握できること、②理論上はどのような巨木でも、あるいはどの高さでも測定できること、③個々のパーツは小さいものなので移動が容易なこと、④幹にプローブを打ち込むのでいくらかの傷はできるが、深さは浅く樹体にほとんど影響を与えないことなどにより、総合的に考えると、現時点では最も優れた診断機械であろう。そのピカスも①測定作業中に得られた最も速い振動波伝達速度に対

Ⅱ－1.4　腐朽病害の腐朽程度判定の課題

する相対速度からコンピューターが内部腐朽や空洞の有無を判定しており、基準速度からの判定ではないこと、②幹内部に軸方向に伸びた亀裂や開口空洞があると、振動波がプローブにうまく伝わらず、断層画像に空白部分が生じてしまうこと、③打ち込んだプローブの先端より内側での部分しか評価できず、幹外周部の材数％が未評価となること（図Ⅱ－1.4－1）、④診断対象木が細すぎると良いデータが得にくいことなど、克服すべき点がいくつか残されている。

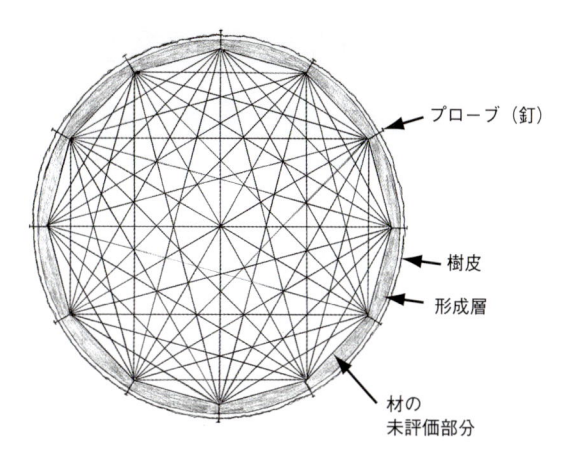

図Ⅱ－1.4－1　ピカスの診断範囲
（プローブ12個を打ちつけた場合）

　今後、ピカスを使っての内部腐朽判定では、インパルスハンマーを使って樹種別、大きさ別の健全材、腐朽材の速度データを積み上げていくと共に、それを基準として評価する方法を確立する必要があろう。今後、画期的な診断機械が開発されれば別だが、今のところは上述のように個々の診断機器の使用方法の改善と判断の基準となる基礎データの集積が肝要である。

(3) 根株腐朽の診断技術の開発

　根株腐朽はベッコウタケなど根株腐朽菌の子実体が発生していれば誰でも推測できるが、普通は外観からの判定が難しく、ある日突然根返り倒木が起きたように見えることが多い。根返り倒木や根元折れのほとんどは根株腐朽菌に侵された結果起きており、根株腐朽を早く的確に診断する技術が求められている。根株腐朽にはほとんど肥大などの外観的徴候を示さないものが多く、幹下部の腐朽や空洞化を伴わない根株腐朽の有無は打診法やインパルスハンマーで判定することが難しく、適用できる機器はレジストグラフなどに限られている。しかもその程度まではそのほとんど判定不可能なのが現状である。ゆえに根株腐朽を的確に判定する技術の開発が早急に求められる。

　その方法のひとつとして可能性が高いのは、エアースコップなどで根系を傷めないように注意しながら土砂を掘上げて直接根を観察し、また埋め戻す方法であろう。根系の露出は手掘りであれば大変な作業であるが、圧搾空気で土を吹きとばすエアースコップという機械を使えば短時間に、しかもほとんど根系を傷めずに根系調査を行うことができるので、今後深刻な根株腐朽が疑われる場合は採用してよい方法であろう（写真Ⅱ－1.4－1）。

写真Ⅱ－1.4－1
エアースコップによる土砂掘上げ

2 緑化樹木腐朽病害の対策

2.1 腐朽病害の現状

平成17・18年度の2年間に全国の樹木医のご協力を得て、緑化樹木腐朽病害実態調査を実施した。この調査で収集された事例の解析結果をもとに腐朽病害の現状を以下に解説する。

1) 腐朽病害の種類と発生樹種

(1) 腐朽病害の出現菌種

平成17・18年度の全国から得られた腐朽病害事例において、74種類の木材腐朽菌が確認された（表Ⅱ-2.1-1）。腐朽病害のベスト5は、コフキタケ（97事例、事例総数370件の26.2％）、ベッコウタケ（47事例、同12.7％）、カワラタケ（34事例、同9.2％）、カワウソタケ（19事例、同5.1％）、シイサルノコシカケ（10事例、同2.7％）となり、病害事例の1/4はコフキタケであり、これら5種で調査事例全体の207事例、55.9％を占める。

腐朽型で分けると、白色腐朽61種（菌種総数74種の82.4％）、褐色腐朽13種（同17.6％）で白色腐朽が断然多い（表Ⅱ-2.1-2）。ベスト5の菌種はいずれも白色腐朽である。

腐朽部位でみると、根株腐朽14種（同18.9％）、幹腐朽60種（同81.1％）となり大部分を幹腐朽が占める（表Ⅱ-2.1-2）。ベスト5の菌種のうちベッコウタケは根株、残り4種は幹腐朽である。

調査事例5件以上の腐朽病害について病害発生の地域分布をみると、コフキタケは全地域に出現し、ベッコウタケは四国を除く、またカワラタケは北海道を除く残り9地域、カワウソタケは北海道、東海を除く8地域に出現している（表Ⅱ-2.1-3）。

地域別に出現菌種をみると、全体の3割（22種）以上の出現種数が見られるのは、東北（29種）、関東・甲信（23種）、近畿（23種）の3地域となっている（表Ⅱ-2.1-4）。

(2) 腐朽病害の発生樹種

腐朽病害の発生樹種は85樹種、針葉樹11樹種（12.9％）、常緑広葉樹21樹種（24.7％）、落葉広葉樹53樹種（62.4％）の内訳となり、落葉広葉樹が6割強を占めている（表Ⅱ-2.1-5）。発生樹種の事例ベスト5は、ソメイヨシノ110事例（377事例の29.2％）、ケヤキ40事例（同10.6％）、スダジイ25事例（同6.6％）、ヤマザクラ11事例（同2.9％）、エノキ10事例（同2.7％）となる。サクラをひとまとめにすると、エドヒガン、オオシマザクラ、オオヤマザクラ（エゾヤマザクラ）、サトザクラ、シダレザクラ、ソメイヨシノ、ヒガンザクラ、ベニヤマザクラ、ヤマザクラで138事例、36.6％となり、病害発生事例のおおむね4割はサクラ類となっている。

Ⅱ-2.1 腐朽病害の現状

(3) 腐朽病害の菌種と発生樹種

　調査事例が5件以上出現した菌種と発生樹種の関係を見ると、コフキタケは、常緑広葉樹11樹種、落葉広葉樹21樹種、あわせて32樹種に発生している。ベッコウタケは、常緑広葉樹3樹種、落葉広葉樹10樹種、計13樹種、カワラタケは14樹種（針葉樹1樹種、常緑広葉樹3樹種、落葉広葉樹10樹種）、カワウソタケは5樹種（常緑広葉樹2樹種、落葉広葉樹3樹種）となり、事例ベスト3の菌種が多くの樹種に発生する傾向が明らかである（表Ⅱ-2.1-6）。

表Ⅱ-2.1-3　調査事例5件以上出現した菌種の地域別分布　　　　　　　　（単位：件）

菌種名	北海道	東北	関東・甲信	北陸	東海	近畿	中国	四国	九州	合計
コフキタケ	1	3	19	9	16	19	8	7	15	97
ベッコウタケ	1	11	9	6	5	6	3	0	6	47
カワラタケ	0	5	7	2	1	1	3	4	11	34
カワウソタケ	0	4	4	2	0	5	2	1	1	19
シイサルノコシカケ	0	0	4	0	3	2	1	0	0	10
アイカワタケ	0	1	1	1	1	1	2	1	0	8
ニレサルノコシカケ	0	1	2	0	2	1	2	0	0	8
マンネンタケ	0	0	3	0	1	2	0	1	0	7
マスタケ	2	2	0	2	0	0	0	0	0	6
カイメンタケ	0	1	0	1	2	1	0	0	0	5
ツリバリサルノコシカケ	0	0	1	0	2	0	2	0	0	5
ヒイロタケ	0	0	2	1	1	1	0	0	0	5

表Ⅱ-2.1-1　木材腐朽菌の調査菌種一覧表（降順）　　　　　　　　　　　　　（単位：件）

No.	菌種名	調査数
1	コフキタケ（コフキサルノコシカケ）	97
2	ベッコウタケ	47
3	カワラタケ	34
4	カワウソタケ	19
5	シイサルノコシカケ（シイノサルノコシカケ）	10
6	アイカワタケ（ヒラフスベ）	8
7	ニレサルノコシカケ（オオシロサルノコシカケ）	8
8	マンネンタケ	7
9	マスタケ	6
10	カイメンタケ	5
11	ツリバリサルノコシカケ	5
12	ヒイロタケ	5
13	ミダレアミタケ	5
14	ウズラタケ	4
15	カンゾウタケ	4
16	チャアナタケモドキ	4
17	チャカイガラタケ	4
18	ヒラタケ	4
19	モミサルノコシカケ	4
20	ヤナギマツタケ	4
21	アラゲキクラゲ	3
22	カシサルノコシカケ（コブサルノコシカケ）	3
23	カタオシロイタケ	3
24	キコブタケ	3
25	スエヒロタケ	3
26	ツガサルノコシカケ	3
27	ナラタケモドキ	3
28	ハカワラタケ	3
29	ホウロクタケ	3
30	アナタケ	2
31	アラゲカワラタケ	2
32	ウサギタケ	2
33	ウチワタケ	2
34	エビウラタケ	2
35	カイガラタケ	2
36	クジラタケ	2
37	コルクタケ	2
38	シハイタケ	2
39	チャアナタケ	2

No.	菌種名	調査数
40	ツリガネタケ	2
41	ニクウスバタケ	2
42	バライロサルノコシカケ	2
43	ヒトクチタケ	2
44	アオゾメタケ	1
45	アズマタケ	1
46	アミヒラタケ	1
47	ウスバタケ	1
48	オオチリメンタケ	1
49	オオミコブタケ	1
50	オシロイタケ	1
51	オニカワウソタケ	1
52	カタウロコタケ	1
53	カンバタケ	1
54	クリタケ	1
55	クロサルノコシカケ	1
56	コガネコウヤクタケ	1
57	コブサルノコシカケモドキ	1
58	サガリハリタケ	1
59	サビアナタケ	1
60	シュタケ	1
61	シロアミタケ	1
62	シロアメタケ	1
63	シロカイメンタケ	1
64	シワタケ	1
65	チヂレタケ	1
66	ナラタケ	1
67	ヌメリスギタケモドキ	1
68	ネンドタケ	1
69	マゴジャクシ	1
70	マツオウジ	1
71	ムサシタケ	1
72	ヤキフタケ	1
73	ヤケコゲタケ	1
74	ヤニタケ	1
	小　計	370
その他	未同定	24
	子実体不完全	4
	属の同定	3
	腐朽菌以外の菌類	1
	小　計	32
	合　計	402

Ⅱ－2.1 腐朽病害の現状

表Ⅱ-2.1-2 木材腐朽菌の腐朽部位と腐朽型（50音順）

（単位：件）

No.	菌種名	調査数	腐朽部位 根株	腐朽部位 幹	腐朽型 白色	腐朽型 褐色
1	アイカワタケ	8		○		○
2	アオゾメタケ	1		○		○
3	アズマタケ	1	○			
4	アナタケ	2		○	○	
5	アミヒラタケ	1		○	○	
6	アラゲカワラタケ	2		○	○	
7	アラゲキクラゲ	3		○	○	
8	ウサギタケ	2		○	○	
9	ウスバタケ	1		○	○	
10	ウスタケ	4		○		○
11	ウチワタケ	2		○	○	
12	エビウラタケ	2		○	○	
13	オオチリメンタケ	1		○		○
14	オオミコブタケ	1		○	○	
15	オシロイタケ	1	○		○	
16	オニガワウンタケ	1		○	○	
17	オニガワラタケ	2		○	○	
18	カイメンタケ	5		○		○
19	カシサルノコシカケ（コブサルノコシカケ）	3		○	○	
20	カタウロコタケ	1		○		○
21	カタオシロイタケ	3		○	○	
22	カワウソタケ	19		○	○	
23	カワラタケ	34		○	○	
24	カンゾウタケ	4		○		○
25	カンバタケ	1		○	○	
26	キコブタケ	3		○	○	
27	クジラタケ	2		○	○	
28	クリタケ	1	○		○	
29	クロサルノコシカケ	1		○	○	
30	コガネコウヤクタケ	1		○	○	
31	コフキタケ（コフキサルノコシカケ）	97		○	○	
32	コブサルノコシカケモドキ	2		○	○	
33	コルクタケ	2		○	○	
34	サガリハリタケ	1		○	○	
35	サビアナタケ	1		○	○	
36	シイサルノコシカケ	10		○	○	
37	シハイタケ	2		○	○	
38	シュタケ	1		○	○	
39	シロアミタケ	1		○	○	
40	シロヌメタケ	1		○	○	
41	シロカイメンタケ	1		○		○
42	シロタケ	1		○	○	
43	スエヒロタケ	3		○	○	
44	チヂレタケ	1		○	○	
45	チャアナタケ	2		○	○	
46	チャアナタケモドキ	4		○	○	
47	チャカイガラタケ	4		○	○	
48	ツガサルノコシカケ	3		○		○
49	ツガネタケ	2		○	○	
50	ツリバリサルノコシカケ	5	○		○	
51	ナラタケ	1	○		○	
52	ナラタケモドキ	3	○		○	
53	ニクウスバタケ	2		○	○	
54	ニレサルノコシカケ	8		○	○	
55	ヌメリスギタケモドキ	1		○	○	
56	ネンドタケ	1		○	○	
57	ハカワラタケ	3		○	○	
58	バライロサルノコシカケ	2		○		○
59	ヒイロタケ	5		○	○	
60	ヒトクチタケ	2		○	○	
61	ヒラタケ	4		○	○	
62	ベッコウタケ	47	○		○	
63	ホウロクタケ	3		○		○
64	マゴジャクシ	1		○	○	
65	マスタケ	6		○		○
66	マツオウジ	1		○		○
67	マンネンタケ	7	○		○	
68	ミダレアミタケ	5		○	○	
69	ムラサキタケ	1		○	○	
70	モミサルノコシカケ	4		○	○	
71	ヤキフタケ	1		○	○	
72	ヤケコウタケ	1		○	○	
73	ヤナギマツタケ	4		○	○	
74	ヤニタケ	1		○	○	
	小計	370	14	60	61	13
	未同定	24	－	－	－	－
	子実体不完全	4	－	－	－	－
	属の同定 *Amylostereum* sp.	－	－	－	－	－
	Antrodiella sp.	1	－	－	－	－
	Phellinus sp.	1	－	－	－	－
	腐朽菌以外の菌類	1	－	－	－	－
	小計	32	－	－	－	－
	合計	402				

表Ⅱ-2.1-4　地域別の出現菌種

地域	菌種名（50音順）	種数合計
北海道	アミヒラタケ　コフキタケ　シロアミタケ　ツガサルノコシカケ　ベッコウタケ　マスタケ　ミダレアミタケ　モミサルノコシカケ　ヤケコゲタケ	9
東北	アイカワタケ　アオゾメタケ　アナタケ　ウサギタケ　エビウラタケ　カイガラタケ　カイメンタケ　カタオシロイタケ　カワウソタケ　カワラタケ　カンバタケ　キコブタケ　コフキタケ　シハイタケ　シロアメタケ　チヂレタケ　チャアナタケモドキ　チャカイガラタケ　ツリガネタケ　ニレサルノコシカケ　ハカワラタケ　バライロサルノコシカケ　ヒトクチタケ　ベッコウタケ　ホウロクタケ　マゴジャクシ　マスタケ　モミサルノコシカケ　ヤニタケ	29
関東・甲信	アイカワタケ　アラゲキクラゲ　ウズラタケ　カワウソタケ　カワラタケ　コフキタケ　サビアナタケ　シイサルノコシカケ　シハイタケ　スエヒロタケ　チャアナタケモドキ　チャカイガラタケ　ツガサルノコシカケ　ツリバリサルノコシカケ　ナラタケ　ニレサルノコシカケ　ヌメリスギタケモドキ　ハカワラタケ　ヒイロタケ　ベッコウタケ　マツオジ　マンネンタケ　ミダレアミタケ	23
北陸	アイカワタケ　オオチリメンタケ　オニカワウソタケ　カイメンタケ　カシサルノコシカケ　カタオシロイタケ　カワウソタケ　カワラタケ　コフキタケ　チャアナタケ　ナラタケモドキ　ヒイロタケ　ベッコウタケ　マスタケ	14
東海	アイカワタケ　アズマタケ　ウスバタケ　ウズラタケ　ウチワタケ　オオミコブタケ　カイメンタケ　カシサルノコシカケ　カワラタケ　コフキタケ　コブサルノコシカケモドキ　シイサルノコシカケ　ツガサルノコシカケ　ツリバリサルノコシカケ　ニレサルノコシカケ　ヒイロタケ　ヒラタケ　ベッコウタケ　ホウロクタケ　マンネンタケ　ヤキフタケ	21
近畿	アイカワタケ　アラゲカワラタケ　ウズラタケ　エビウラタケ　カイメンタケ　カワウソタケ　カワラタケ　カンゾウタケ　クジラタケ　コフキタケ　コルクタケ　シイサルノコシカケ　シワタケ　スエヒロタケ　ナラタケモドキ　ニクウスバタケ　ニレサルノコシカケ　ネンドタケ　ヒイロタケ　ベッコウタケ　マンネンタケ　ミダレアミタケ　ヤナギマツタケ	23
中国	アイカワタケ　アナタケ　アラゲキクラゲ　カタウロコタケ　カワウソタケ　カワラタケ　カンゾウタケ　コフキタケ　コルクタケ　シイサルノコシカケ　シロカイメンタケ　チャアナタケ　チャアナタケモドキ　ツリバリサルノコシカケ　ニレサルノコシカケ　ハカワラタケ　ベッコウタケ　ミダレアミタケ　ムサシタケ　モミサルノコシカケ	21
四国	アイカワタケ　アラゲカワラタケ　ウチワタケ　カワウソタケ　カワラタケ　キコブタケ　クジラタケ　クロサルノコシカケ　コフキタケ　スエヒロタケ　ヒトクチタケ　マンネンタケ	12
九州	ウズラタケ　オシロイタケ　カシサルノコシカケ　カワウソタケ　カワラタケ　クリタケ　コガネコウヤクタケ　コフキタケ　サガリハリタケ　シュタケ　ナラタケモドキ　ヒラタケ　ベッコウタケ　ヤナギマツタケ	14

II－2.1 腐朽病害の現状

表II－2.1－5 腐朽病害発生樹種一覧表（樹種群別50音順）　　　　　　（単位：本）

区分	No.	樹種名	調査本数	区分	No.	樹種名	調査本数
針葉樹	1	アカマツ	8	落葉広葉樹	13	オニグルミ	1
針葉樹	2	アスナロ	1	落葉広葉樹	14	オノエヤナギ	1
針葉樹	3	イチイ	1	落葉広葉樹	15	カツラ	3
針葉樹	4	イヌマキ	1	落葉広葉樹	16	クリ	3
針葉樹	5	ウラジロモミ	2	落葉広葉樹	17	ケヤキ	40
針葉樹	6	カヤ	1	落葉広葉樹	18	ケンポナシ	1
針葉樹	7	クロマツ	5	落葉広葉樹	19	コナラ	5
針葉樹	8	ゴヨウマツ	1	落葉広葉樹	20	サイカチ	2
針葉樹	9	スギ	1	落葉広葉樹	21	サトザクラ	3
針葉樹	10	トドマツ	1	落葉広葉樹	22	サルスベリ	2
針葉樹	11	モミノキ	2	落葉広葉樹	23	サンシュユ	1
針葉樹		小　計	24	落葉広葉樹	24	シダレザクラ	5
常緑広葉樹	1	アラカシ	7	落葉広葉樹	25	シダレヤナギ	4
常緑広葉樹	2	イチイガシ	1	落葉広葉樹	26	シマサルスベリ	1
常緑広葉樹	3	ウバメガシ	2	落葉広葉樹	27	シラカンバ	2
常緑広葉樹	4	ウラジロガシ	5	落葉広葉樹	28	シンジュ	1
常緑広葉樹	5	キンモクセイ	1	落葉広葉樹	29	センダン	3
常緑広葉樹	6	クスノキ	5	落葉広葉樹	30	ソメイヨシノ	110
常緑広葉樹	7	クロガネモチ	1	落葉広葉樹	31	チャンチン	1
常緑広葉樹	8	クロキ	1	落葉広葉樹	32	トウカエデ	2
常緑広葉樹	9	シラカシ	3	落葉広葉樹	33	トチノキ	3
常緑広葉樹	10	スダジイ	25	落葉広葉樹	34	ナシ	1
常緑広葉樹	11	タブノキ	6	落葉広葉樹	35	ニセアカシア	8
常緑広葉樹	12	ツブラジイ	5	落葉広葉樹	36	ネムノキ	1
常緑広葉樹	13	ヒイラギ	1	落葉広葉樹	37	ハゼノキ	2
常緑広葉樹	14	ヒイラギモクセイ	2	落葉広葉樹	38	バッコヤナギ	1
常緑広葉樹	15	フサアカシア	1	落葉広葉樹	39	ハマセンダン	1
常緑広葉樹	16	ホルトノキ	1	落葉広葉樹	40	ハンノキ	1
常緑広葉樹	17	マテバシイ	1	落葉広葉樹	41	ヒガンザクラ	1
常緑広葉樹	18	モチノキ	1	落葉広葉樹	42	ヒメグルミ	1
常緑広葉樹	19	ヤブツバキ	1	落葉広葉樹	43	ブナ	1
常緑広葉樹	20	ヤマモモ	1	落葉広葉樹	44	プラタナス	2
常緑広葉樹	21	ユズ	2	落葉広葉樹	45	ベニヤマザクラ	1
常緑広葉樹		小　計	73	落葉広葉樹	46	マルバヤナギ（アカメヤナギ）	1
落葉広葉樹	1	アキニレ	1	落葉広葉樹	47	ムクノキ	8
落葉広葉樹	2	アメリカフウ	1	落葉広葉樹	48	ムクロジ	1
落葉広葉樹	3	イタヤカエデ	1	落葉広葉樹	49	ヤチダモ	1
落葉広葉樹	4	イタリアポプラ	1	落葉広葉樹	50	ヤマザクラ	11
落葉広葉樹	5	イロハモミジ	7	落葉広葉樹	51	ヤマハンノキ	1
落葉広葉樹	6	ウメ	8	落葉広葉樹	52	ヤマモミジ	1
落葉広葉樹	7	エゾエノキ	1	落葉広葉樹	53	ユリノキ	2
落葉広葉樹	8	エドヒガン	3			小　計	280
落葉広葉樹	9	エノキ	10			合　計	377
落葉広葉樹	10	エンジュ	2	その他		サクラ類	18
落葉広葉樹	11	オオシマザクラ	1			ヤナギ類	2
落葉広葉樹	12	オオヤマザクラ（エゾヤマザクラ）	3				

表Ⅱ-2.1-6　5件以上出現した菌種と病害発生樹種　　　　　　　　　　　　　　　　　（単位：本）

区分	樹種名	コフキタケ	ベッコウタケ	カワラタケ	カワウソタケ	シイサルノコシカケ	アイカワタケ	ニレサルノコシカケ	マンネンタケ	マスタケ	カイメンタケ	ツリバリサルノコシカケ	ヒイロタケ	ミダレアミタケ	合計
針葉樹	アカマツ										1		1		2
	イチイ									1					1
	ウラジロモミ			1											1
	クロマツ										3				3
	スギ						1								1
	モミノキ						1								1
常緑広葉樹	アラカシ	1		1	1				1						4
	イチイガシ				1										1
	ウバメガシ	1		1											2
	ウラジロガシ	1													1
	キンモクセイ		1												1
	クスノキ	5													5
	クロガネモチ		1												1
	シラカシ	2													2
	スダジイ	1		1		4	5		1			4			16
	タブノキ	4	2												6
	ツブラジイ	1				2									3
	フサアカシア	1													1
	ホルトノキ											1			1
	マテバシイ	1													1
	モチノキ								1						1
	ユズ	1													1
落葉広葉樹	アキニレ							1							1
	アメリカフウ	1													1
	イタヤカエデ													1	1
	イタリアポプラ	1													1
	イロハモミジ	2												3	5
	ウメ	3	1	1											5
	エゾエノキ		1												1
	エドヒガン	2			1										3
	エノキ	7	1	2											10
	エンジュ		1												1
	オオシマザクラ	1													1
	オオヤマザクラ（エゾヤマザクラ）									1					1
	カツラ	1								1			1		3
	クリ					1									1
	ケヤキ	18	10											1	29
	サイカチ	2													2
	サトザクラ			1									1		2
	サルスベリ	1													1

Ⅱ-2.1 腐朽病害の現状

区分	樹種名	コフキタケ	ベッコウタケ	カワラタケ	カワウソタケ	シイサルノコシカケ	アイカワタケ	ニレサルノコシカケ	マンネンタケ	マスタケ	カイメンタケ	ツリバリサルノコシカケ	ヒイロタケ	ミダレアミタケ	合計
落葉広葉樹	サンシュユ	1													1
	シダレザクラ	1		1	1										3
	シダレヤナギ	1													1
	センダン		1												1
	ソメイヨシノ	21	15	15	13	3	1		4	2	1				75
	チャンチン	1													1
	トチノキ							2							2
	ニセアカシア	3	3	1						1					8
	ネムノキ			1											1
	ハゼノキ					1									1
	ハマセンダン	1													1
	ヒガンザクラ			1											1
	プラタナス			1											1
	ベニヤマザクラ												1		1
	マルバヤナギ（アカメヤナギ）	1													1
	ムクノキ	4					3								7
	ヤマザクラ	1	3	2									1		7
	ユリノキ		2												2
	合計	93	42	30	17	9	8	8	7	6	5	5	5	5	240
サクラ類		3	5	4	2	1									15
ヤナギ類		1													1

2）腐朽病害発生樹木の概況

（1）根元周と樹高・推定樹齢

　腐朽病害発生樹木の根元周と樹高の関係をみると、根元周 5.0m、樹高 20.0m までの範囲に病害樹木の大部分が含まれる。

　最大樹高の樹木は 45m 程度、また最大根元周の樹木は 18m 程度である（図Ⅱ-2.1-1）。

　根元周と推定樹齢の関係をみると、根元周 5.0m、推定樹齢 200 年までの範囲にほとんどの樹木が含まれる。最高推定樹齢は 1,000 年の樹木が 2 本含まれる（図Ⅱ-2.1-2）。

　参考に、この散布図から一次回帰曲線式を求めると、$y = 56.371x - 30.512$ が得られる。調査事例が多く集められ、かつ推定樹齢の精度が高まることにより、根元周からおおむね目安となる病害発生樹木の樹齢を知ることができる。

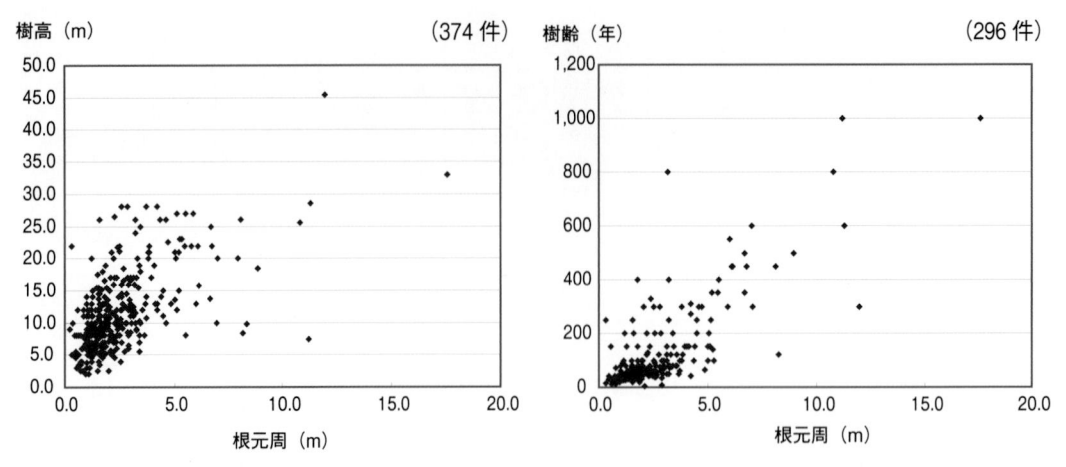

図Ⅱ-2.1-1　腐朽病害発生樹木の根元周と樹高　　　　図Ⅱ-2.1-2　腐朽病害発生樹木の根元周と推定樹齢

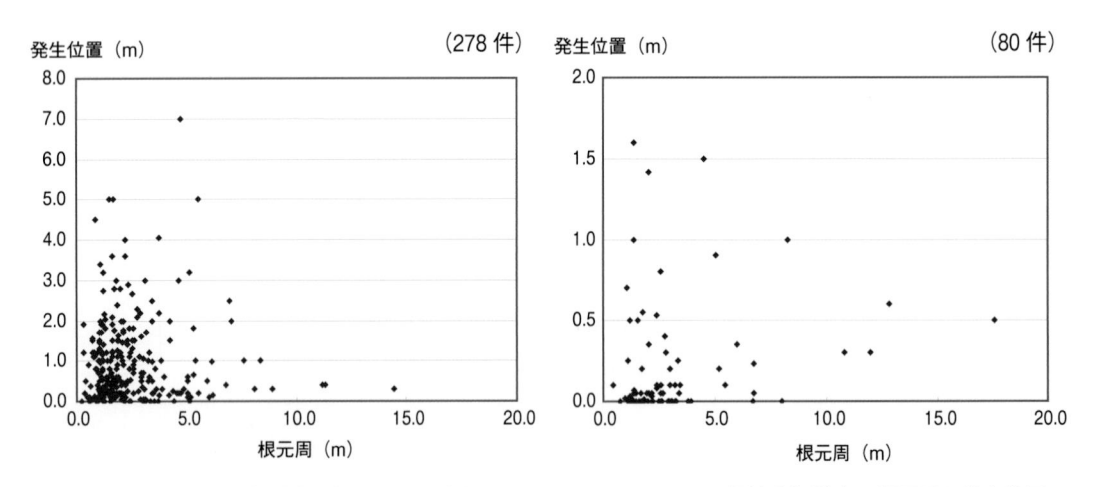

図Ⅱ-2.1-3　幹腐朽樹木の根元周と発生位置　　　　図Ⅱ-2.1-4　根株腐朽樹木の根元周と発生位置

(2) 子実体の発生位置

　根元周と木材腐朽菌の子実体発生位置の関係をみる。発生位置は子実体が出ている根株や幹の地際からの高さを調査している。ほとんどの場合、子実体は低い位置から高い位置までの範囲に発生しているので、Y軸のデータは発生位置の下限値として散布図を作成している。

　幹腐朽の病害発生樹木は、調査者が地上から目視等による観察を行っていることを前提として、地際から高さ3.0m程度までの範囲に腐朽病害が発生している（図Ⅱ-2.1-3）。

　根株腐朽の病害発生樹木の発生位置は、当然のことながら地際に集中し、おおむね高さ1.0m程度までに多くみられる（図Ⅱ-2.1-4）。

II－2.1　腐朽病害の現状

（3）ソメイヨシノの病害発生状況

　病害事例が最も多いソメイヨシノに発生する菌種と根元周の関係を見ると、菌種全体について、根元周1.0～2.0mの事例が最も多く（56件、事例総数112件の50.0%）、次いで2.0～3.0m（39件、同34.8%）となる（表II－2.1－7）。
　表II－2.1－1に示した調査事例ベスト5（コフキタケ、ベッコウタケ、カワラタケ、カワウソタケ、シイサルノコシカケ）の菌種はいずれについても、病害の発生している根元周の大きさは同様の傾向にある。

表II－2.1－7　ソメイヨシノに発生している木材腐朽菌の菌種と根元周　　　（単位：件）

菌種＼根元周(m)	1.0未満	1.0～2.0	2.0～3.0	3.0～4.0	4.0以上	合計
アイカワタケ（ヒラフスベ）			1			1
アオゾメタケ		1				1
アラゲカワラタケ		1				1
ウズラタケ		2				2
エビウラタケ		1				1
カイメンタケ			1			1
カタオシロイタケ			2			2
カワウソタケ	2	2	7	2		13
カワラタケ	1	10	3	1		15
キコブタケ		1		1		2
クジラタケ		1				1
コフキタケ	1	11	8	1		21
サビアナタケ		1				1
シイサルノコシカケ		2	1			3
シュタケ		1				1
スエヒロタケ	1	1				2
チヂレタケ			1			1
チャアナタケ			1			1
チャアナタケモドキ		1	1			2
チャカイガラタケ		3	1			4
ナラタケモドキ		1				1
ニクウスバタケ		1	1			2
ネンドタケ		1				1
ハカワラタケ	2	1				3
バライロサルノコシカケ			2			2
ベッコウタケ		7	5	3		15
マスタケ		1		1		2
マンネンタケ		1	3			4
未同定		4	1		1	6
合計	7	56	39	9	1	112

注：1本に2種の木材腐朽菌が発生している調査木が2本ある。

菌種と子実体の発生地上高をみると、菌種全体について、0.5m 未満（46 事例、42.2％）、0.5 ～ 1.0m（23 事例、21.1％）、1.0 ～ 1.5m（15 事例、13.8％）、1.5 ～ 2.0m（12 事例、11.0％）となり、ソメイヨシノの木材腐朽菌子実体は地際から 2.0m の範囲（87.2％）で大部分観察できることを示している。幹腐朽菌であるカワウソタケ、カワラタケは地際から 3.0m まで、コフキタケは地際から 2.0m まで、シイサルノコシカケは 0.5 ～ 1.5m の範囲にみられ、根株腐朽菌のベッコウタケは地際から 1.0m までの範囲に発生している（表Ⅱ-2.1-8）。

表Ⅱ-2.1-8　ソメイヨシノに発生する菌種の地上高　　　　　　　　　　（単位：件）

菌種＼地上高(m)	0.5未満	0.5～1.0	1.0～1.5	1.5～2.0	2.0～2.5	2.5～3.0	3.0～3.5	3.5～4.0	4.0以上	合計
アイカワタケ（ヒラフスベ）			1							1
アオゾメタケ					1					1
アラゲカワラタケ				1						1
ウズラタケ	1			1						2
エビウラタケ				1						1
カイメンタケ	1									1
カタオシロイタケ		2								2
カワウソタケ	6	2		1	3	1				13
カワラタケ	4	2	4	2	1	1				14
キコブタケ	2									2
クジラタケ	1									1
コフキタケ	10	6	3	2						21
サビアナタケ							1			1
シイサルノコシカケ		1	1							2
シュタケ					1					1
スエヒロタケ	1	1								2
チヂレタケ					1					1
チャアナタケ				1						1
チャアナタケモドキ			1	1						2
チャカイガラタケ			1	1	1		1			4
ナラタケモドキ	1									1
ニクウスバタケ			1	1						2
ネンドタケ	1									1
ハカワラタケ	1	1		1						3
バライロサルノコシカケ		1	1							2
ベッコウタケ	10	4								14
マスタケ	1		1							2
マンネンタケ	4									4
未同定	2	3	1							6
合計	46	23	15	12	9	2	2	0	0	109

注：1本に2種のキノコが発生している調査木が2本ある。

II-2.1 腐朽病害の現状

(4) ケヤキの病害発生状況

病害事例が2番目に多いケヤキの菌種と根元周の関係は、根元周1.0～2.0mの樹木に多く見られる（13事例、39.4%）。コフキタケは根元周4.0m以上の樹木の病害発生事例が多い（表II-2.1-9）。

ケヤキに発生する子実体は菌種全体で0.5m未満(28件、82.4%)にほとんど現れている（表II-2.1-10）。

表II-2.1-9 ケヤキに発生している木材腐朽菌の菌種と根元周　　　　（単位：件）

菌種 \ 根元周(m)	1.0未満	1.0～2.0	2.0～3.0	3.0～4.0	4.0以上	合計
アラゲキクラゲ		2				2
オオミコブタケ	1					1
コフキタケ	1	5	2	3	6	17
ナラタケ				1		1
ヒラタケ			1			1
ベッコウタケ		5	3	1	1	10
ミダレアミタケ		1				1
合計	2	13	6	5	7	33
子実体不完全		1				1
属の同定		1	1			2
腐朽菌以外の菌類		1				1
未同定		1	1	1		3

注：1本に2種の木材腐朽菌が発生している調査木が1本ある。

表II-2.1-10 ケヤキに発生する菌種の地上高　　　　（単位：件）

菌種 \ 地上高(m)	0.5未満	0.5～1.0	1.0～1.5	1.5～2.0	2.0～2.5	2.5～3.0	3.0～3.5	3.5～4.0	4.0以上	合計
アラゲキクラゲ	1	1								2
オオミコブタケ	1									1
コフキタケ	15	2			1					18
ナラタケ	1									1
ヒラタケ				1						1
ベッコウタケ	10									10
ミダレアミタケ				1						1
合計	28	3	0	2	1	0	0	0	0	34
子実体不完全	1									1
属の同定	1									1
腐朽菌以外の菌類	1									1
未同定	2					1				3

（5）病害発生樹木の立地場所と腐朽誘発要因・侵入経路

　病害発生樹木の立地場所は、公園が最も多く（123件、総数の31.0％）、2番目は街路（78件、同19.6％）、3番目は社寺（64件、16.1％）となり、5位のゴルフ場までで全体の81.8％を占める。あらかじめ学校、公園、街路、ゴルフ場、その他（社寺）に立地する樹木を対象としたことからそれらが上位に集計されている（表Ⅱ-2.1-11）。

　腐朽病害の推定される誘発要因は、19の区分に整理した。複数回答件数の中で、剪定・切断が木材腐朽菌の侵入要因とするものが最も多く（106件、35.5％）、2番目は周辺作業・工事により樹体に損傷が加えられたもの（45件、15.1％）、3番目は何らかの要因で枝、樹皮に枯損が発生しそこから木材腐朽菌が侵入したもの（27件、9.0％）、4番目は根元周辺の踏圧（17件、5.7％）の順となる。

　19区分のなかで自然的要因は⑤⑥⑨⑩⑫程度で、人為的要因に分類できるものが多くを占める。剪定・切断は樹木を取り扱う専門家（緑化樹木生産業者、造園建設業者など）の作業によるものであり、その作業結果が腐朽誘発要因となったことは重大な問題といえる（表Ⅱ-2.1-12）。

　腐朽病害の推定侵入経路は、枝が全体の35.7％、幹が24.9％、根株および根とするものが39.3％となり、根株および根から侵入しているとの推定比率が最も高い（表Ⅱ-2.1-13）。

表Ⅱ-2.1-11　病害発生樹木の立地場所

調査地	調査数	調査地	調査数
公園	123	駐車場	4
街路	78	土手・河川敷	3
社寺	64	霊園・斎場	3
学校	45	民間施設	2
ゴルフ場	15	遊園地	1
樹林・山林	11	テニスコート	1
植物園	10	史跡保存地	1
公共施設	9	グラウンド	1
個人の庭	9	不明	11
畑・果樹園	6	合計	397

表Ⅱ-2.1-12　腐朽誘発要因

区分	件数（件）
①剪定・切断	106
②周辺作業・工事	45
③枯損	27
④踏圧	17
⑤雪害	16
⑥風害	12
⑦人為	11
⑧車両	9
⑨被圧	8
⑩凍裂・凍害	8
⑪その他の病気	7
⑫湿害	7
⑬昆虫の食害	6
⑭周辺設備との接触	6
⑮幹焼け	5
⑯土壌不良	3
⑰盛土	2
⑱土壌改良	2
⑲火災・熱	2
不明	13
合計	299

（複数回答）

表Ⅱ-2.1-13　腐朽侵入経路

区分	件数（件）	構成比（％）
枝	119	35.7
幹	83	24.9
根株	72	21.6
根	59	17.7
不明	72	21.6
合計	333	100.0

（複数回答）

II－2.1 腐朽病害の現状

都道府県別の調査内訳は、茨城、広島、徳島、香川、長崎、沖縄を除く41都道府県から腐朽病害の事例が得られ、総数73名の樹木医等の方々にご協力を頂いた（表II－2.1－14）。

表II－2.1－14 都道府県別の調査協力樹木医等と件数

地域	都道府県	氏名	調査数
北海道	北海道	橋場 一行	12
東北	青森	兼平 文憲	11
東北	岩手	斉藤 友彦／庄司 次男	16
東北	宮城	早坂 義雄／後藤 昭浩	11
東北	秋田	野口 常介／三浦 吉春	10
東北	山形	大津 正英	10
東北	福島	鈴木 俊行	10
関東・甲信	栃木	吉澤 光三	10
関東・甲信	群馬	橋本 澄雄	14
関東・甲信	埼玉	原口 志津夫	5
関東・甲信	千葉	松原 功／小池 英憲／藤平 量郎	11
関東・甲信	東京	多田 亨	10
関東・甲信	神奈川	大野 啓一郎	2
関東・甲信	山梨	大澤 正嗣	12
関東・甲信	長野	小島 耕一郎	12
北陸	新潟	佐藤 賢一	3
北陸	富山	浦野 哲／日本樹木医会富山県支部	10
北陸	石川	松枝 章	18
北陸	福井	井上 重紀	5
東海	岐阜	中村 基／安江 純一／百海 琢司	11
東海	静岡	菅 功	9
東海	愛知	関根 忠／板倉 賢一／大野 浩暲／小堀 英和／高橋 哲夫／渡邊 裕之	11
東海	三重	奥田 清貴／内山 達也／児玉 重信／坂口 卓也	13
近畿	滋賀	田上 知／堺 貴史／田中 孝雄／中西 肇／南 敏孝	9
近畿	京都	伊藤 武	10
近畿	大阪	中島 洋一／川口 守／河原 英信／真田 俊秀／澤田 清／堀内 大樹／宮本 博行／山本 香代子	9
近畿	兵庫	鳥越 茂／段林 弘一／古池 夫之	5
近畿	奈良	石井 良易／日本樹木医会奈良県支部	11
近畿	和歌山	中口 由佳子／岡谷 善博／小南 全良	10
中国	鳥取	竹下 努	15
中国	島根	周藤 靖雄	16
中国	岡山	下川 利之	10
中国	山口	藤原 俊廣	4
四国	愛媛	尾花 吉光	10
四国	高知	荒尾 正剛	11
九州	福岡	前田 幸浩	1
九州	佐賀	蒲原 邦行	10
九州	熊本	久保園 正昭／伊津野 法昭／川崎 菊男	10
九州	大分	高宮 立身	10
九州	宮崎	讃井 孝義	8
九州	鹿児島	村本 正博	16

3) 調査結果の総括

　腐朽病害の実態調査を全国の樹木医に依頼しそれを整理した結果は以上に述べてきたとおりであるが、この結果からいくつかの問題が浮かび上がってくる。

(1) 調査した樹種の問題

　樹木医が診断対象とする樹木は都市や都市近郊など人が住む地域にあり、人々の生活に密着した巨樹・古木がほとんどであることから、おのずと調査対象樹種が限定され、調査された樹種に偏りが生じている。被害木としてあげられた樹木のうちサクラ類が4割を占めているのはその表れである。逆に全国に数多くの巨樹があり、樹木医が診断治療する機会の多いはずのスギが1本も報告されなかったのは、スギが腐朽病害に侵されにくいのではなく、腐朽病害に感染し内部腐朽がかなり進行しても、目につくような子実体が出ていないことが多いのも一因であろう。また、スギやケヤキに負けないほど巨木が多く、樹木医が診断する機会が同様に多いクスノキも報告例が少ないが、クスノキも腐朽病害に侵されにくいのではなく、かなり幹材の腐朽が進行しても子実体が出ていることが少ないため、今回の調査であまり出て来なかったのであろう。

　以上のことから、今回の調査の樹木リストは、人の生活に密着して存在し、かつ樹木医が診断を依頼されやすい貴重木の中で、目立った木材腐朽菌子実体の発生しやすい樹種の番付ということになろう。

(2) 調査した菌種の問題

　報告された木材腐朽菌の種類をみるとコフキタケが最も多く、全体の2割以上を占めているが、コフキタケが大型のサルノコシカケ類の中では人々にとって身近な場所で最も普通に見られる種類であることと関係していよう。また、ベッコウタケが次に多いのも都市型の木材腐朽菌であることと調査対象にサクラが多かったことが関係していよう。また、カワウソタケが4番目に入っているのも調査対象樹木がサクラ類に偏ったことが原因であろう。

　以上のように、本調査は樹木全体に対する木材腐朽菌の出現頻度を表している訳ではないが、人々の生活に密着する場所にあって人々が関心をもつ樹種に対して腐朽病害を発生させやすく、しかも大きな子実体を出す菌種をよく表した結果となっている。

2.2 被害対策の考え方

1）被害軽減方法

　腐朽病害は感染時期や感染経路の特定が難しく、被害が顕在化するには通常数年以上の時間がかかるので、感染を防止したり腐朽の進行を止めるのは難しい。また、被害部は幹、枝や根の内部なので、葉の病害のように薬剤による防除を行うことは困難である。そこで、腐朽被害が発生した場合は被害ができるだけ周囲に広がらないような対策をとる。そのためには、被害現場から病害の感染源を可能な限り除去することが必要になる。とくに根株腐朽の場合は被害木を伐採しても腐朽した根株が残れば、その根株が感染源となって被害が周囲に拡大する恐れがある。公園などでベッコウタケによって枯死した根株上に毎年子実体が形成されるのを良く目にする。ベッコウタケのような病原性の強い菌の拡大を防ぐには、できれば腐朽した根株を掘り取ることが望ましい。根株を除去しても土壌中に腐朽材や菌体が残存して感染源となる恐れがあるので、土壌を薬剤等により殺菌したり入れ替えることも必要である。

　被害発生地の環境を改善することもしばしば行われる。ならたけ病をはじめとする根株腐朽病害は排水の悪い場所で被害が多発するので、排水溝を掘ったり、土壌改良を行って透水性を良くすることも行われる。また、根系の接触や菌糸束によって周囲の樹木への感染を防ぐため、被害木の周囲に溝を掘ったり、土壌中にプラスチック板などを埋め込んだりして物理的に遮蔽することもある。

　しかし、このような方法は費用や労力がかかり、実行できる場所は限られている。そこで、より現実的で簡便な被害軽減策として樹種転換がある。腐朽病害はどのような樹種にも発生するが、被害の発生頻度や被害程度は樹種により異なる。また、同じ樹種でも品種により腐朽病害の罹病頻度や被害程度が異なることも珍しくない。そこで、病害に弱い樹種や品種の植栽は避け、病害にかかりにくい樹種や品種を選んで植栽する。たとえば、サクラ類では種や品種により腐朽病害の発生が異なり、一般にヤマザクラなどの野生種は腐朽が進みにくく、改良の進んだ品種ほど腐朽病害に弱い傾向がある。また、マメ科樹木はベッコウタケに感受性であり、エンジュやニセアカシアなどには根株腐朽被害が多発する。そこで、べっこうたけ病の被害地ではマメ科樹木の植栽を避けることが必要である。ならたけ病の多発地ではサクラ類などの植栽は避け、ならたけ病に比較的強いツバキなどの常緑広葉樹を植栽することも行われる。

　幹や枝の腐朽被害では、適切な管理を行うことにより被害を少なくすることが可能である。すなわち、枯枝を早めに除去したり樹木が傷つかないようにする管理が挙げられる。とくに緑化樹木では枝の剪定の方法が幹腐朽の被害発生に影響を与える。サクラ類など枝や幹の腐りやすい樹種では、枝の中途から切るような選定を行うと腐朽被害が増えやすい。とくに太枝は枝の基部から剪定する必要がある。剪定は一般に夏から秋の樹木の成長期を避け、成長の停止する冬期に行うことが望ましい。これは夏から秋にかけては多くの木材腐朽菌の胞子が空気中に放出されること、樹木の成長期には傷口から樹液が流れ、これが木材腐朽菌の胞子の発芽を促進するためである。剪定痕はできるだけ乾燥させ、水がたまらないようにする。傷口に殺菌剤

を塗布してコーティングすることも、その後の胞子による感染防止に有効である。しかし、すでに感染している場合は、コーティング部分の内側の保湿効果により、かえって腐朽が進むこともある。

　従来、老木や名木の幹や太枝などが腐朽した場合、腐朽部を削り取って残存部に殺菌剤を塗布し、最後にはウレタン等を詰めて外見を整えるような処理が行われてきた。しかし、現在このような処理が行われることは少ない。これは、腐朽部を削っても腐朽菌の菌糸をすべて除去することはできないので腐朽の進行は止められないこと、腐朽部を削るとしばしば樹木の防御反応が起きている部分まで除去してしまうこと、ウレタン等を充填すれば被害部が密閉されて湿度が保たれ、かえって腐朽が進むことなどの理由による。完全に腐朽した部分だけを除去して健全部との境界は残し、ウレタン等の充填処理は行わず、被害部を乾燥させて腐朽の進行を遅らせることがむしろ効果がある。

2）心材腐朽被害対策の基本的考え方

　過去の文献・資料で紹介されている樹木の腐朽部の処置方法は、幹や大枝における心材腐朽の結果生じる空洞などを対象とするものがほとんどである。

　日本で初めて腐朽部や空洞部の処理技術つまり"樹木の外科手術"を体系的に紹介した文献は昭和12年（1937）の「樹木の外科手術」（関谷文彦）である。その中で、腐朽部はその部分を完全に削り取り、コールタールやクレオソート等の防腐剤を塗る。空洞がある場合には蓋をして中にコンクリートやアスファルト、木片等を充填するなどの方法が紹介されている。その後、昭和39年（1964）の「樹木の保護と管理」（上原敬二）では、腐朽部の削除方法、空洞の補強や充填方法等、日本における事例をあげて紹介している。1976年（昭和51年）になると、イギリスで「Tree Surgery」（Bridgeman）が著され、空洞部に硬質ウレタン材を充填する方法が紹介された。この文献の中では腐朽部を完全に削り取るローターカッターと称する専用の機械も登場している。1980年代後半になると、シャイゴ博士（Alex L. Shigo 1930〜2006）の「CODITモデル」が世界中で広く受け入れられるようになり、空洞部や腐朽部については何もしない方が良いと

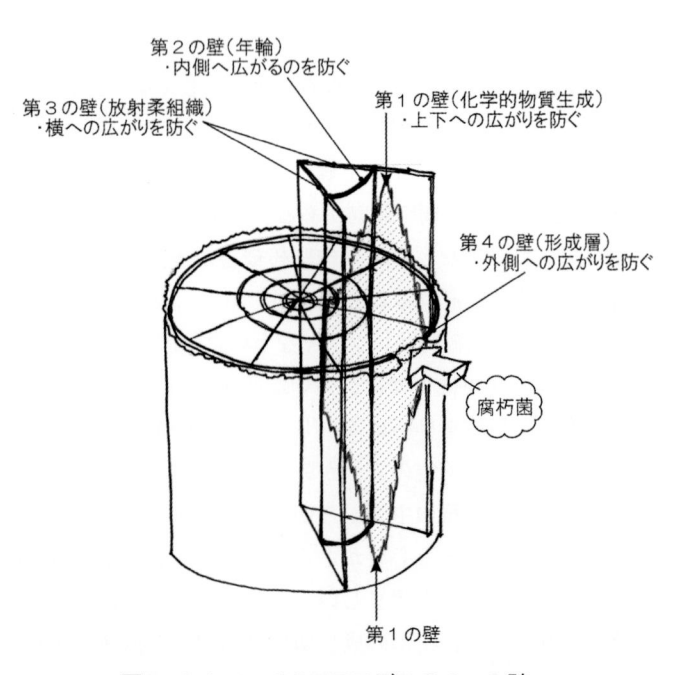

図Ⅱ-2.2-1　CODITモデルの4つの壁

Ⅱ－2 緑化樹木腐朽病害の対策

いう考え方の支持者が多くなり現在に至っている。

CODIT モデルとは、樹木が損傷や腐朽の感染に反応して強固な壁を形成し、その壁で区画された中に腐朽に感染した材を閉じ込め隔離することで腐朽から身を守る概念を示したものである。区画化は4つの壁のモデルからなっている（図Ⅱ－2.2－1）。

第1の壁は感染によって初めて生まれ、主に化学的反応で上下方向へ広がるのを防ぐ壁である。第2と第3の壁は感染が内側へ広がることに対して抵抗する年輪と横方向に広がるのに抵抗する放射柔組織で構成され、感染前から存在するもので、感染と同時に化学的にも強化される。しかし、以上の3つの壁はさほど強いものではない。最も強い壁は第4の壁である。第4の壁は内部に入った感染が外側（形成層側）に広がろうとすることに抵抗する壁で、樹木に傷ができたときの形成層および、その時の最も新しい年輪の柔細胞の働きによって作られる。樹木に空洞ができるのは、第4の壁が木材腐朽菌に対して強く抵抗し、内部の材が完全になくなるまで腐朽が進行しても、それより外側へは木材腐朽菌の侵入を許さなかった結果である。

この理論は1960年代からのシャイゴ博士とそのグループの膨大な調査実験の結果から生み出され、現在では世界中から支持され樹木の取り扱い上での重要な内容として認識されている。

（1）幹心材腐朽被害の対策

心材腐朽被害では、前述のCODITモデルから基本的に腐朽部の処置を行う必要がないとされているが、ウレタンなどを使用して開口部の閉鎖のみが行われるケースが多い。これは、被害箇所（開口部）に雨水が入り込むなど腐朽が進行し易い状況では、開口部の閉鎖や屋根をかけるといった方法は腐朽拡大に対して阻止効果があると考えられているからである。しかし、腐朽の進行を遅くさせる方法としては、これら開口部の閉鎖処置よりも活力向上のための管理のほうが重要である。一方、別の目的で空洞開口部の閉鎖が行われる事例が都市部の公園に多く見られる。これは、開口部での正常な巻き込みを促すという意味ではなく、美観の向上または空洞部にゴミやタバコなどの投げ捨て防止対策として行われている。開口空洞を持つ樹木に対しての処置は、樹木の防御機構を念頭におき、腐朽病害の種類や空洞の規模、その樹木の活力、周辺環境などを総合的に判断し、処置の内容を十分検討しなくてはならない。被害の程度によっては、倒伏防止のための支柱の設置や樹冠縮小の剪定等の処置が重要となるが、樹冠縮小によって、樹勢を低下させると、木材腐朽菌に対する抵抗力をかえって弱めてしまう可能性があるので、実施にあたっては十分な検討が必要である。

<処置例－1>

　空洞部や開口部閉鎖などの処置を行わない事例。幹内部は大規模な空洞となり、残る材も極めて薄い。

写真Ⅱ-2.2-1　内部が大規模な空洞となっているシダレアカシデ

　近年、幹に開口が現れ内部空洞の規模が明らかとなった。空洞部および開口部の処置は行わず、支柱による保護と樹勢向上のための対策が行われている。

<処置例－2>

　幹内部は大規模な空洞となり、枝折れ部につながっている。枝折れ時、幹内部の空洞内は乾燥状態に保たれていたため、降雨や降雪などの侵入を防ぎ乾燥状態を維持するために開口部閉鎖を行った事例。

被害部

切戻位置

枝折れ部切戻位置　　　切戻後の開口部の状況　　　処置を行ったケヤキ

①ラス網設置　②殺菌剤塗付＋硬質ウレタン吹付け　③板金用パテ塗布　　④表面保護材塗布

写真Ⅱ-2.2-2　開口部閉鎖その1

Ⅱ－2　緑化樹木腐朽病害の対策

＜処置例－3＞
美観、タバコやごみの投げ捨て防止のために開口部閉鎖を行った事例。

①腐朽部清掃　　②殺菌剤塗付＋ラス網設置　　③ウレタン吹付け＋表面パテ　　④表面保護材塗布

写真Ⅱ-2.2-3　開口部閉鎖その2

(2) 根株心材腐朽被害の対策
　幹心材腐朽同様、基本的に腐朽部の処置を行う必要がないとされている。しかしながら、被害が大きくなると地際部での折損の可能性が高くなるので、支柱の設置または樹高を低減させたり、樹冠の風荷重を低減させる縮小剪定が最も重要な対策となってくる。一方では、活力を向上させて抵抗性を高めるための土壌改良、施肥なども重要となる。

3) 辺材腐朽被害対策の基本的考え方
　心材腐朽被害とは異なり、辺材腐朽は形成層や師部組織また養分の蓄積場である柔組織など生きた細胞を攻撃し壊死させる病害である。かねてこの種の病害に関しては壊死部を取り除く・削るなどの処置と殺菌剤の塗布が行われている。
　ならたけ病やならたけもどき病など病原性の強い辺材腐朽菌による加害や永年性がん腫のように形成層を侵す病気では、壊死した樹皮を完全に取り除き、樹皮の内側に潜んでいる菌を乾燥させて殺す処置をとり、さらに材部の表面を削って罹病部を完全に除去する必要もある。
　これらの外科的治療の結果は樹木の活力に大きく影響されるので、治療にあたっては先ず活力を良好にさせることが基本となる。

(1) 幹辺材腐朽被害の対策
　辺材部を侵す病害での治療は、健全な材が出るまで罹病部をすべて切削し、削除面にチオファネートメチル剤などを塗布し防菌する。

写真Ⅱ-2.2-4　チャアナタケモドキに侵されたシダレヤナギ

写真Ⅱ-2.2-5　永年性がん腫に侵された後、材質腐朽が進んでいるプラタナス

(2) 根株辺材腐朽被害の対策

　幹辺材腐朽と同様、根株辺材腐朽も健全な材が出るまで罹病部をすべて切削するか、または罹病根をすべて切除する。

　削除（切除）面にはチオファネートメチル剤を塗布し防菌する。なお、削除（切除）部からの発根を促進させるために、削除（切除）部周囲を完熟の堆肥で覆い、新鮮な土壌で埋める（図Ⅱ-2.2-2）。

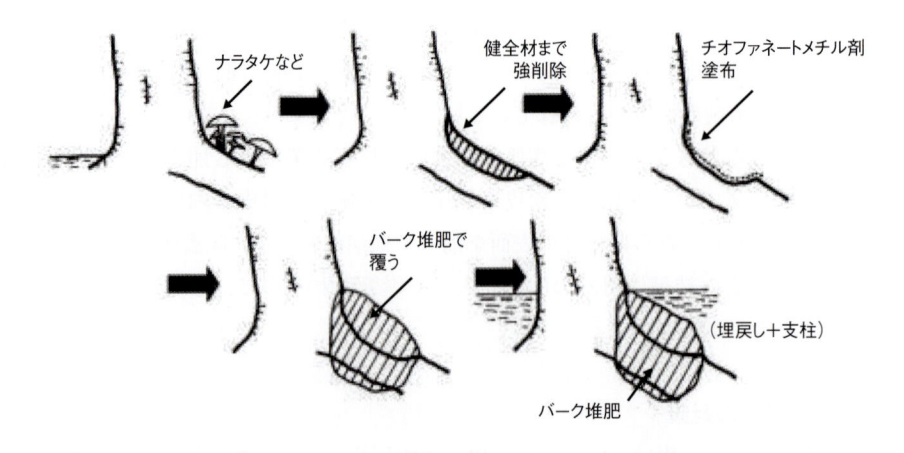

図Ⅱ-2.2-2　根株辺材腐朽に侵された場合

2.3 予防対策の考え方

1）木材腐朽菌の侵入要因

　樹木への木材腐朽菌の侵入箇所は、地上部では枝折れや剪定箇所や病害などによる樹皮の枯損部、また地下部においては根系の切断部や地際部の損傷部で、樹皮が欠損している場所である。これら侵入箇所の発生は、強風や降雪また落雷などの自然災害によるものや、病虫害や獣害など生物的な要因のほか、人為的な損傷によるものに分けられる。ここでは自然災害と人為的な損傷による侵入箇所の発生を防ぐための対策について述べる。

2）木材腐朽菌による被害（侵入拡大）の予防策

（1）自然災害に対する予防策

a. 強風、降雪

　台風や大量または規模は小さくとも時期はずれの降雪などによって、大枝が折損したり、幹折れなどの被害が発生することがある。毎年台風の経路に当たる地域では、剪定によって樹高を小さく保ったり、風通しのよい樹形管理を行うほか、大枝や幹折れ防止のための支柱設置（写真Ⅱ-2.3-1）は効果的である。周辺に防風のための植林を行うことで被害を最小限に留めることができる。また、降雪地帯では樹形管理はもちろんのこと支柱による十分な大枝の保護が重要である（写真Ⅱ-2.3-2）。

　なお、これら被害にあった場合は、その被害を最小限に留めるための早急な処置が必要となる。枝折れについては、後掲の剪定の項目を参照のこと。

写真Ⅱ-2.3-1　頬杖（変形）型支柱
枝の下部全面を支柱で支えている

写真Ⅱ-2.3-2　雪吊り型支柱
鋼鉄製のポールを建て、先端から伸びるワイヤーで枝を保持している

b. 落雷
　樹木への落雷によって、樹皮部が損傷し欠損したり、幹に亀裂が入ることもある。被害が大きい場合には倒木に至り枯死する場合がある。山間部や落雷の常習地域では、周辺の樹林などから突出するほど樹高の高い樹木では、避雷針の設置が重要である（**写真Ⅱ-2.3-3**）。

写真Ⅱ-2.3-3　避雷針を設置したカヤ

Ⅱ-2.3 予防対策の考え方

(2) 人為的被害に対する予防策

腐朽病害の罹病の基点となる場所は、枝折れや不適切な剪定、根系の切断などいわば外傷による樹皮の欠損部である。これらの傷口に対する処置対策を十分に行うことで、将来、樹木が抱えるであろう問題の多くを回避できる。

枝や幹または根系を切断する場合には、切断は鋭利な刃物で行い、切断面を平滑にし、切り口には殺菌剤（チオファネートメチル剤など）を塗布し、切り口を保護する。

とくに、大枝や幹（双幹の一方）の剪定に関しては位置が重要となる（根系の場合は特定の位置はない）。ここでは、枝の剪定と双幹の剪定に関して、腐朽病害が拡大しにくいとされるシャイゴ博士の提唱する"正しい剪定位置"について説明する。

a. 枝の正しい剪定

幹に腐朽などのダメージを与えない剪定位置を決定する時に注意する点は次の3点である。
①ブランチカラー（BC）とブランチバークリッジ（BBR）を切り取らないこと。
②保護帯（プロテクションゾーン）を取り除かないこと。
③幹に一番近い位置で切ること。

このことから、正しい剪定位置は図Ⅱ-2.3-1のようになる。ブランチカラー（BC）が明確な場合には、ブランチバークリッジ（BBR）とブランチカラー（BC）の先端部を結んだ線で剪定するのが最適の位置となる。また、針葉樹のようにブランチカラーが枝の全周を取り囲むような場合には、ブランチカラーの頭の部分で剪定する。

正しい位置で剪定が行われると、巻き込みは切り口の全周から始まり閉鎖される。

誤った剪定とは、幹に将来的に悪影響を及ぼす剪定のことである。つまり、ブランチカラーやブランチバークリッジを切り取ってしまうような剪定（フラッシュカットという）では、幹の組織まで切り取ることになり、腐朽は幹表面から内部および上下方向に進むこととなる。また、

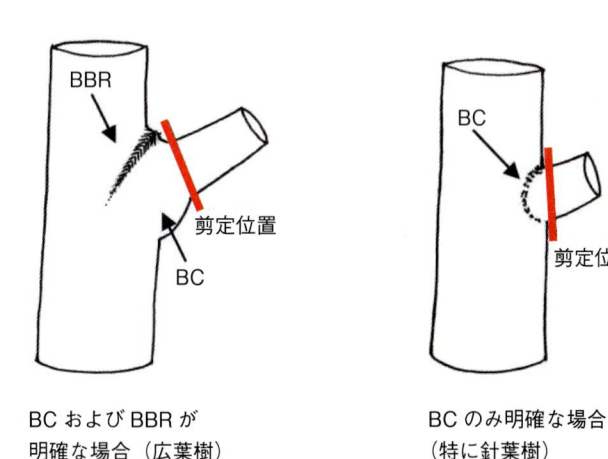

BCおよびBBRが明確な場合（広葉樹）　　BCのみ明確な場合（特に針葉樹）

図Ⅱ-2.3-1　正しい剪定位置

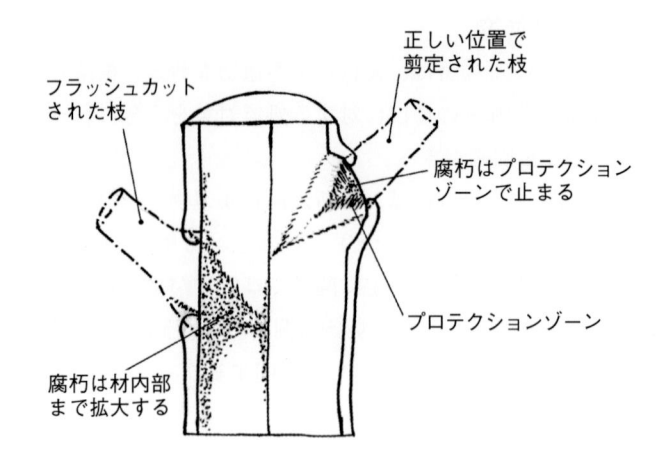

図Ⅱ-2.3-2　フラッシュカット（左）と正しい剪定（右）

同時に"保護帯"をも切り取ってしまうこととなるため、腐朽は樹体表面のみならず幹内部に入り込み、中から進行し始める可能性が極めて大きくなる（図Ⅱ-2.3-2）。フラッシュカットされた枝の下部は枯れ下がり、内部は腐朽する。

b. 双幹の剪定

　双幹は枝とは異なり、保護帯やブランチカラーを持つことがない。幹のブランチバークリッジが双幹の叉の部分に形成される（図Ⅱ-2.3-3）。このブランチバークリッジが山（凸）形に競り上がっていれば（A）、双幹は強固に結合しているが、谷（凹）形になっている場合（B）は、その部分で入り皮となっていることが多く、結合は弱い。双幹の一方を剪定する場合も、正しい剪定位置の鍵となるのが、幹のブランチバークリッジである。

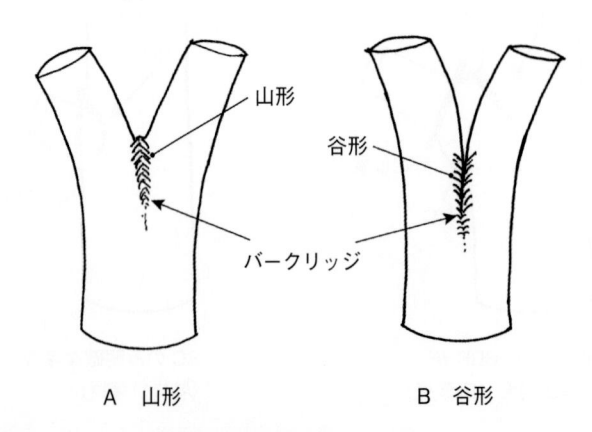

図Ⅱ-2.3-3　双幹のBBRの形状（山形Aと谷形B）

Ⅱ-2.3 予防対策の考え方

強い結合の双幹

　図Ⅱ-2.3-4に示す幹Ⅰを切除する場合には、①から②或いは②から①へと注意深く行う。また、幹Ⅱを切除する場合も同様で、③から④へ或いは④から③へと行う。当然のことではあるが、このような剪定を行う場合には切除予定位置の上で予め上部の枝幹を切除し、荷重を和らげておく必要がある。

　B点は、幹のブランチバークリッジ（A）の始点である。①点と③点は幹ブランチバークリッジの両側の点である。幹ブランチバークリッジを越えて切除してはならない（図Ⅱ-2.3-4）。

弱い結合の双幹

　図Ⅱ-2.3-5に示す幹Ⅲを切除する場合には、先ず上方で予備的に切断し、次に⑥から⑤へと注意深く切断する。

　点Dは幹ブランチバークリッジの始点で、その始点の上方で入り皮状態となっている位置が矢印Eに示す部分で、点⑤はおおむね入り皮の始まる位置である。点⑥は幹ⅢのD点を移動した位置である。

　枝折れでの切り戻し剪定も含め、樹体の持つ腐朽に対する防御機構を十分に活用できる剪定手法をとることで、腐朽に対する予防が可能であることを理解していなくてはならない。

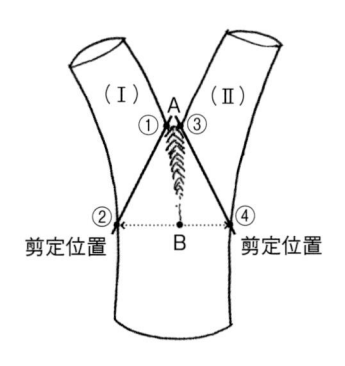

図Ⅱ-2.3-4　強い結合の双幹での剪定位置　　図Ⅱ-2.3-5　弱い結合の双幹での剪定位置

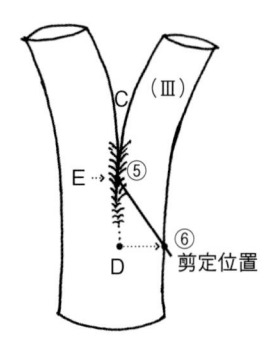

2.4 被害・予防対策の課題

　大径木や老木といわれる樹木では、内部が腐朽し空洞を抱えていることが多いが、その存在を外観から的確に知る手立ては現在のところ見当たらない。キノコが発生したり、またはＶＴＡ（Visual Tree Assessment）による観察によって内部の異常をある程度察知することができるが、それらの症状は腐朽の規模がかなり大きくならないと表面に現れないのが常である。心材腐朽の早期発見が難しく、被害が絶えない理由である。

1）被害対策の課題

　ひとたび幹や大枝が腐朽病害にかかってしまうと、それを完治させることは現在の技術ではほとんど不可能であるが、腐朽の進行を遅らせたりそれ以上の侵入を防いだりすることは可能である。樹木が腐朽の進行を阻止するのは、シャイゴ博士の提唱したCODIT理論によれば、樹木が木材腐朽菌を閉じ込めてしまう壁を形成するからであるが、この壁の形成と防御力の強さは樹勢と密接に関係している。

　ゆえに、いかに樹勢を回復させるかが木材腐朽菌の対策上重要な課題である。樹勢回復技術には色々あるが、一般的には堆肥や肥料の施用が行われている。しかし、この堆肥や肥料が根株腐朽菌の活力を増大させしてしまう可能性があるとシャイゴ博士は指摘している。とくに、大規模な根株腐朽にかかった樹木の場合の樹勢回復は現時点では極めて難しい状況であり、倒木や枝折れ回避を目的とした支柱設置や剪定に止まるなど、積極的な対策がないのが実情である。

2）予防対策の課題

　腐朽病害の被害発生を未然に防ぐために一番重要なことは樹木に傷をつけないことであるが、剪定、移植、建設、土木工事による根系切断、強風や冠雪による枝折れ、落雷、樹勢不良による枝枯れなどにより傷はどうしてもできてしまう。そのとき、たとえば幹に樹皮の剥がれが発生すれば手早く処理し、胴枯れ病にまで発展しないようにする必要があり、枝枯れであれば早く見付けてシャイゴ博士の言う枝と幹の境でできる防御層を傷つけないで境界ぎりぎりで切る切除法が求められる。しかしながら、多くの場合見逃されて放置され、また幹樹皮が剥がれたあとや枝の折れ口に樹木が損傷被覆材を形成して傷をふさいでしまうと、中で腐朽が進行していても普通は気付かれない。

　ゆえに、ここでの大きな課題は腐朽病害の原因となる幹・大枝の傷や枯れを早く見付けて木材腐朽菌が侵入しないよう処理する体制を築くことである。公共的な場所に生育する街路樹や公園樹は多くの人々が接するので、傷つけられたり、あるいは強剪定されたりすることも多いので、とくに監視体制を十分にとる必要があろう。

2.5　モデル対策事例

2.5.1　モデル対策の考え方

　幹や大枝にひとたび入ってしまった腐朽菌を完全に除去したり罹病部を治癒させたりするのは極めて困難なことであるが、健康で活力のある樹木は、腐朽菌を閉じ込めてその進展を阻止する力がある。ところが、樹勢が衰退したり極めて大きな傷ができたり胴枯れ病等にかかったりすると、幹や大枝の腐朽は著しく進み、強度低下により倒伏してしまう。しかし、腐朽病対策として昔から行われてきた幹の外科手術は、現在はその有効性を疑われており、それに代わる方策を見出し得ていないのが現状である。

　そこで全国の樹木医が調査した事例の中から幹腐朽がかなり進行して倒伏の恐れがあると判断される、樹種の異なる4本の大径木を選び出して腐朽状態を診断し現実的な対策を検討した。

　選ばれた4本はそれぞれ次のような特徴を持っている。

（1）福島県郡山市エドヒガン

　エドヒガンはサクラ類の中でも最も長命な樹種であり、樹齢数百年と推定される古木もある。エドヒガンが他のサクラ類に比べて格段に長命なのは、病害虫に対する抵抗性の高いことと、腐朽部を区画しその進展を阻止する能力の高いことが要因として考えられる。

　本調査木は根元に大きな空洞があり、さらに冠雪による大枝折れが発端となって上部の腐朽も進んでいる状態である。

（2）埼玉県上尾市ケヤキ

　ケヤキは日本産広葉樹類の中でクスノキと並んで最も長命で巨大に成長し、山形県東根市の大ケヤキは樹齢1,500年以上と推定されている。材質は環孔材で強靭さをもっており、病害虫に対する抵抗性も高い。

　本調査木は根元に大きな開口空洞があり、腐朽による幹内部の空洞化は7～8mほどの高さまで及んでいる。

（3）熊本県多良木町イチイガシ

　イチイガシはカシ類の中では最も背の高くなる樹種のひとつで、30mを超えるものもある。放射孔材で材質は重く堅い。

　本調査木の主幹はかなり太いが、落雷によってほとんどが枯れてしまい、南側に突き出た太い下枝のみがわずかに生き残っている状態であり、その大枝も腐朽による空洞化がかなり進んでいる。

（4）熊本県菊池市ムクノキとエノキ

　ムクノキは樹高 30m 以上になる。材質は散孔材で強靭であるが、腐朽に対してはケヤキほどの抵抗性がないので、ケヤキのような巨木は少なく、樹齢が数百年になると推定されるものもほとんどない。

　調査対象木はムクノキとエノキの合体木であるが、エノキのほうは高さ 4m ほどの所で台風により折れてしまい、完全に枯死している。ムクノキはまだ活力があるが、エノキと接合し、組織が押しつぶされた所から腐朽が入り、幹内部で空洞化が進んでいる。

　以上の4本の樹木の腐朽で共通しているのは、いずれも腐朽菌の種類がコフキタケであることである。コフキタケは全国の樹木医による木材腐朽菌調査で最も多くの件数があげられている。この4事例はコフキタケによる大径木の腐朽の典型的な症状を示すものとなった。コフキタケによる腐朽の特徴は、樹木を生理的に枯死させることが少なく、長い時間をかけて材を劣化させ、幹や大枝を空洞化させ、最後は幹折れや根返り倒木により樹木の寿命を尽きさせるというものであるので、4事例とも主要な対策は土壌改良による樹勢回復（腐朽菌を閉じ込めて腐朽の進展を阻止する区画力を高めるとともに、年輪成長を促進させて健全な材の厚みを増大させて空洞率を低下させ、折れにくくする）と支柱による倒伏防止となっている。

2.5.2 福島県郡山市エドヒガンの事例

1）所在地
福島県郡山市田村町守山

2）立地状況
本樹は、運動場と児童遊園のある広場の東端に生育している。東側は根元が近年新設されたアスファルト道路で反対側は畑地である。北側はスギとアカマツの林となっている。地形は北西から緩やかに下る傾斜地である。周辺には日照を遮るものはなく、本樹の生育する児童遊園の広場は草地となっている。根元から離れた位置に未舗装の道路があったが、近年拡幅して現在のアスファルト道路となっている。その際、根元付近で盛土がなされ、現状の地形となった。

3）エドヒガンの状況

東面

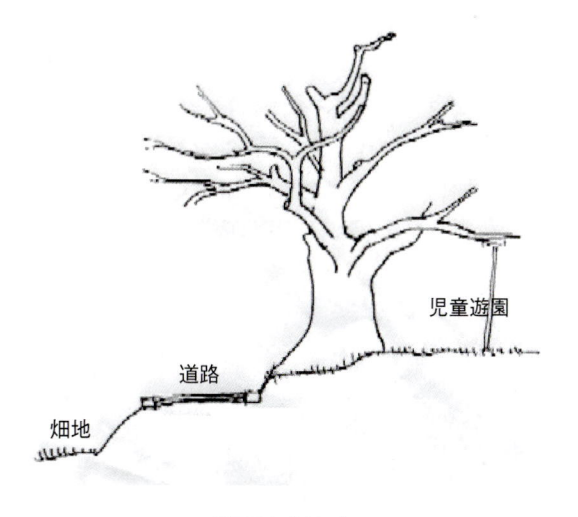

側面図（東面）

西面

北西面

写真Ⅱ-2.5-1　エドヒガンの状況

（1）形状
　樹高は約 18.5m で、枝張は東西、南北共に約 22m、幹周は 5.58m で根元周は約 9.85m である。枝は低い位置で均等に四方に伸張している。かつて道路側の根元に人が入れるほどの開口空洞が存在した（地元からのヒアリング）が、現在は閉塞している。

（2）樹木の状態
　樹冠上部にある大枝からの枯れ下がりが顕著である。大枝の剪定痕が数か所見られ、その多くは枯れ下がっている。枝折れ箇所からの腐朽が点在するが、これは積雪によって折損した枝を放置した結果である。また樹冠上部には枯れ小枝が散在し（写真Ⅱ-2.5-3）、枝葉密度も小さいが、樹冠中ほどの枝から発生する新枝の伸張は全般的に良好である。また、幹の樹皮は概ね良好であるが、道路側で大枝の折損が原因と考えられる幹の樹皮欠損からの腐朽の進行（写真Ⅱ-2.5-2）、その下方での肥大成長不良そしてそれにつながる根元付近で腐朽が見られる。児童遊園側の根元近くには成長著しい樹皮の色をしたこぶ状の発達が見られる（写真Ⅱ-2.5-4）。

写真Ⅱ-2.5-2　大枝折損が原因と思われる幹の樹皮欠損と腐朽

写真Ⅱ-2.5-3　樹冠上部の枯損枝（東側で多い）

写真Ⅱ-2.5-4　幹のこぶ状の発達

　各評価項目の判定は表Ⅱ-2.5-1となり、評価点1.7なので"やや不良"の状態となっている。

表Ⅱ-2.5-1　地上部の衰退度判定結果

樹勢	樹形	枝の伸張量	梢や上枝の先端の枯損	下枝の先端の枯損	大枝・幹の損傷	枝葉の密度	葉の大きさ	樹皮の傷	樹皮の新陳代謝	胴吹きひこばえ
2	2	1	2	2	2	1	1	2	2	2

Ⅱ-2.5 モデル対策事例

(3) 腐朽病害の状況
　道路側で樹皮の状態が不良な面で高さ約2.5mほどの位置および西面で発達したこぶ状の場所にコフキタケの子実体が発生している（**写真Ⅱ-2.5-5・6**）。

写真Ⅱ-2.5-5　児童遊園側の根元に発生したコフキタケ

写真Ⅱ-2.5-6　道路側地上2.5mほどに発達したコフキタケ

(4) ピカスによる断層画像解析
　写真Ⅱ-2.5-7に示す1か所（高さ1.3m）でピカスによる断層画像解析を行った。
　高さ1.3m位置でこぶ上方での測定では、一部樹皮が腐朽していることが影響しやや大きな値を示したが、幹内部の"腐朽ないし空洞"率は約6割となった（図Ⅱ-2.5-1）。

写真Ⅱ-2.5-7　ピカス調査状況

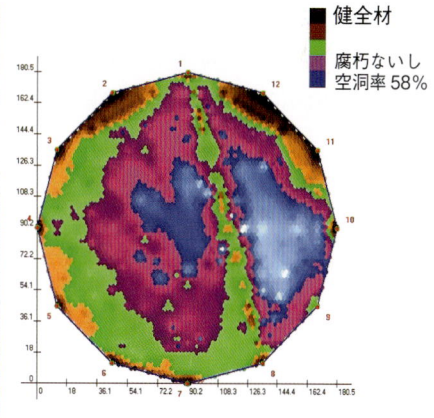

図Ⅱ-2.5-1　ピカス断層画像
異常範囲は約6割を占める

(5) 倒木・枝折れ等の危険度判定

ピカスによる断層画像解析により、面積で6割ほどが腐朽または空洞であることが判明した。これはかつて人が入れるほどの空洞（ヒアリングによる内容）規模に匹敵するものである。開口空洞は根元付近にあったとのことから、根元付近では今回の計測結果よりも大きな面積で空洞となっていることが考えられ、幹折れの危険が非常に高い状況にあると判定される。

4）対策の検討

(1) 当面の対策

①枯死枝の除去
枯死した枝を切除し、切除面に殺菌剤を塗布するなど木材腐朽菌の進入を防ぐ。

②支柱の設置
現在児童遊園内に設置してある支柱の取替え（支柱の地際の腐朽など劣化しているもの）および増設が必要。とくに道路側への倒伏を防ぐ対策（道路側からの大規模な支柱または児童遊園側からのワイヤー支柱設置など）が必要である。

(2) 中長期的対策

①樹勢の向上
腐朽病害に対する抵抗力を向上させると共に倒木回避として根系生育域を拡大するために、児童遊園内の土壌に定期的に有機質肥料を施肥する。

②根系保護計画の策定
根系保護および育成のために、根元周辺で根系が多く活動している範囲に木製デッキなどを設置したり、または一年の中で数か月間または数年に一度児童遊園の使用を制限するなどの保護育成方法について検討し実施する必要がある。

5）調査協力者

診断：樹木医　鈴木　俊行
ピカス断層画像：（有）テラテック

2.5.3 埼玉県上尾市ケヤキの事例

1）所在地
埼玉県上尾市平方

2）立地状況
　本樹は、荒川に近い神社境内に生育するケヤキやムクノキの大木群の一本で、その境内林の西端に位置している。周囲の樹木により風などは遮られ、枝折れなどの害から守られる立地環境だが、西側にはアスファルト道路や民家などがあり空間は開けて、幹に直射日光が当たる環境となっている。根元は人の出入りも少ない環境で概ね良好であるが、南側の根元近くには神社本殿が迫り、東側の境内は砂利が敷き込まれ土壌は固結している状況である。

写真Ⅱ-2.5-8　荒川（開平橋）より八枝神社境内のケヤキ・ムクノキ群全景

写真Ⅱ-2.5-9　境内の全景

西面

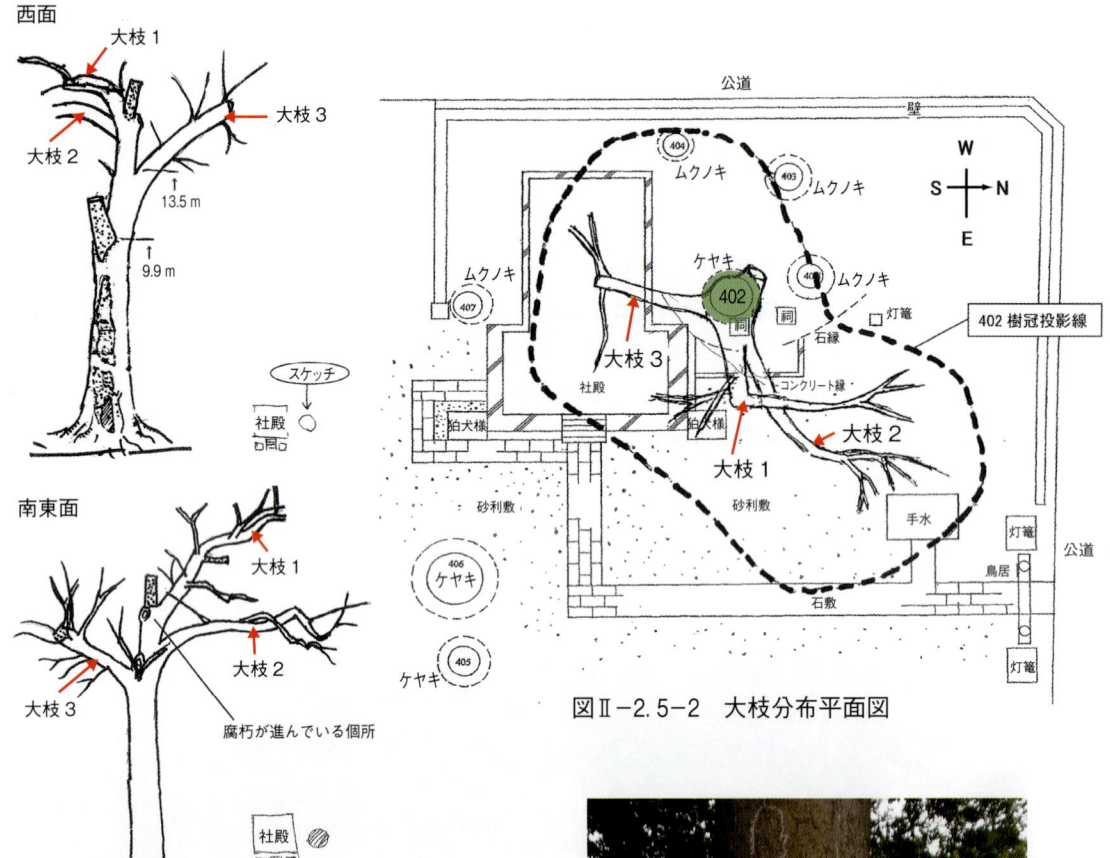

大枝1
大枝3
大枝2
13.5 m
9.9 m

スケッチ
社殿

南東面

大枝1
大枝2
大枝3
腐朽が進んでいる個所

スケッチ
社殿

図Ⅱ-2.5-3 樹形図

図Ⅱ-2.5-2 大枝分布平面図

写真Ⅱ-2.5-10 幹西面の被害状況

3) ケヤキの状況

(1) 形状

幹は約13mまで通直に伸び、その高さの上で大枝が南方向および北西方向に3分岐している。かつて西側に伸びていたことをうかがわせる大枝の剪定痕が幹の西側約10mに存在する。樹高は約26mで、枝張は長径で約18m、根元周は約8.2mである。

(2) 樹木の状態

樹冠内には大枝の剪定痕が数か所見られ、その

Ⅱ-2.5 モデル対策事例

多くは枯れ下がっている。樹冠上部には枯れ枝が散在し、枝葉密度も小さい。また、幹の西面には胴枯れ性の病害による大規模な樹皮の壊死部が拡大している（縦4.5m、横幅0.8mほど）。さらに、根元近くには幹内部に存在する空洞の開口（縦2m、横1mほど）が存在する。

各評価項目の判定は表Ⅱ-2.5-2に示すように、評価点は2.0となりとくに幹の被害が大きく"不良"の状態となっている。

表Ⅱ-2.5-2　地上部の衰退度判定結果

樹勢	樹形	枝の伸張量	梢や上枝の先端の枯損	下枝の先端の枯損	大枝・幹の損傷	枝葉の密度	葉の大きさ	樹皮の傷	樹皮の新陳代謝	胴吹きひこばえ
2	2	1	2	1	3	2	2	3	2	2

（3）腐朽病害の状況

コフキタケの子実体が幹西面の樹皮壊死範囲およびその周辺の健全な樹皮部からも多く発生（根元から高さ5mほどの位置）している。幹内部には大規模な空洞が存在していることから、今後さらに被害は拡大してゆくことが考えられる。

写真Ⅱ-2.5-11
開口部の北側に発生したコフキタケ

写真Ⅱ-2.5-12　幹西面の樹皮が枯死している範囲に発生したコフキタケ

写真Ⅱ-2.5-13
コフキサタケ発生箇所が凹んでいる

（4）ピカスによる断層画像解析

　写真Ⅱ-2.5-14および図Ⅱ-2.5-4に示す3か所（高さ2.85m、4.5m、8.3m）で、ピカスによる断層画像解析を行った。

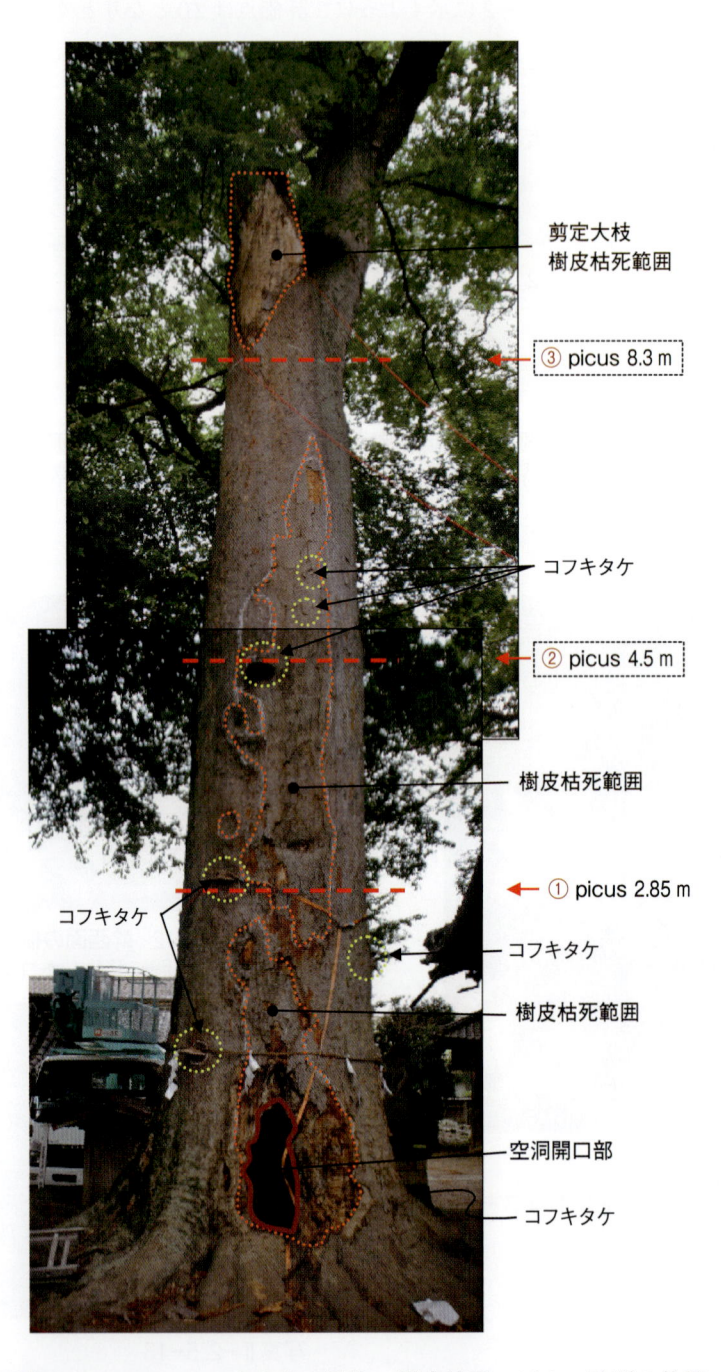

写真Ⅱ-2.5-14　コフキタケの発生、樹皮枯死、ピカス診断の位置

II－2.5 モデル対策事例

ケヤキ　Zekova serrata　No.402
樹高：26 m　幹周：5.73 m　根元周：8.13 m

No.402

③ GL 8.30 m

コフキタケ

② GL 4.50 m

① GL 2.85 m

コフキタケ

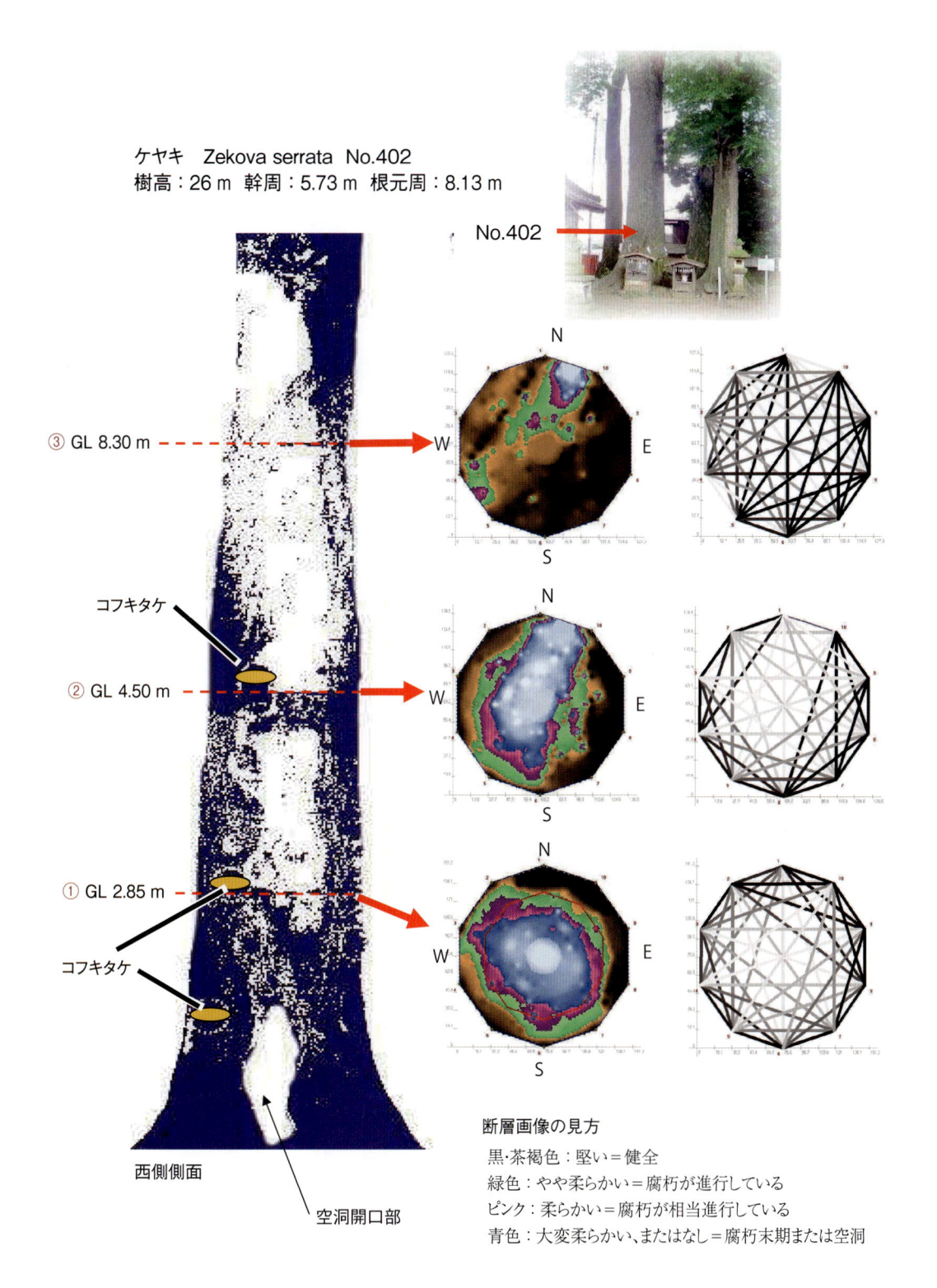

西側側面

空洞開口部

断層画像の見方
黒・茶褐色：堅い＝健全
緑色：やや柔らかい＝腐朽が進行している
ピンク：柔らかい＝腐朽が相当進行している
青色：大変柔らかい、またはなし＝腐朽末期または空洞

図II－2.5－4　ピカス適用位置と断層画像

165

①高さ2.85mでの幹断面の推定
　幹内部の"腐朽ないし空洞率"は約4割で、進行中の腐朽を合わせると約6割が強度低下していると考えられる。北西側および南側で健全材が極めて薄い状況となっている。
②高さ4.5mでの幹断面の推定
　北側に"腐朽ないし空洞率"が約3割存在する。進行中の腐朽を合わせると約4割で強度が低下していると考えられる。
③高さ8.3mでの幹断面の推定
　北側に"腐朽ないし空洞率"の可能性のある箇所が見られる。腐朽範囲は小さい。

(5) 倒木・枝折れ等の危険度判定
　ピカスによる断層画像解析により、幹の下方ほど空洞や腐朽規模は大きく、根元に近い開口部付近で最も強度が小さくなっていることが推察でき、この位置での幹折れの危険が高い状況であると判定される。

写真Ⅱ-2.5-15　ピカス調査状況

4) 対策の検討

(1) 当面の対策
①胴枯れ性病害の防除
　罹病部を健全部が見えるまで鋭利な刃物で削除し、切除面に殺菌剤を塗布する。
②枯死枝の除去
　枯死した枝を切除し木材腐朽菌の侵入を防ぐ。
③樹勢の向上および根域の拡大
　腐朽病害や胴枯れ性病害に対する抵抗力を向上させると共に倒木回避として根系生育域を拡大するために、境内の固結している土壌を膨軟にするなどの土壌改良を行う。
④根系保護柵の設置
　土壌改良効果を保ち、樹勢向上、根系育成のために周辺に柵を設置する。

(2) 中長期的対策
①樹体の保護と定期的点検
　・活力（樹勢）の点検と推移の検討

・樹皮枯死部の状況の点検
　　・コフキタケの発生状況と露出材の腐朽状態の点検
　　・内部空洞の拡大状況および幹や大枝での亀裂有無の点検
②雷対策
　　避雷針の設置など
③アオバズクの生息環境の保全
　　神社境内の大木群内でアオバズクの営巣が確認されている。樹木の剪定などを実施する場合は、生息環境の保全に十分注意する。

5）調査協力者
　　診断：日本樹木医会　埼玉県支部
　　ピカス断層画像：（有）テラテック

2.5.4　熊本県多良木町イチイガシの事例

1）所在地
　熊本県多良木町多良木牛島

2）立地状況
　球磨川の氾濫原として発達した沖積平野にあり、周辺は農地である。隣接して北側に墓地、西側に木造の小屋と墓地、東側に住宅があり、南側は5m幅の町道が接していて、その向い側に畑が広がっている。大枝の下には石の地蔵菩薩と石碑が置かれている。根元周辺には円礫のマルチがなされ、また除草剤の散布が行われているような草の枯れ状態であった（図Ⅱ－2.5－5・6）。

3）イチイガシの状況
（1）形状
　樹高9m、主幹の幹周5.75m、枝張の北側0m、南側8.6m、東側5.7m、西側4.4m

（2）樹木の状態
　主幹の大部分は枯れており、樹皮が剥がれて露出した材の表面が所々黒く炭化している。おそらく枯損原因のひとつは落雷であろう。南側に伸びた低い大枝のみが生き残ったという状況である。大部分が枯れている主幹は切断されていて、その上に鉄板が覆せられているが、腐朽は著しく進み、縦に亀裂が入り、空洞化も進んでいるため、反対側が透けて見える状態である。大枝には鳥居型の頬杖支柱がなされており、クッションとして古タイヤがはさまれている。各評価項目の判定は表Ⅱ－2.5－3となり、評価点2.9なので衰退度はⅣの「著しく不良」である。これはほとんど枯損している幹を含んだ全体の評価であり、南側の大枝のみを評価すればⅢの「不良」となる。

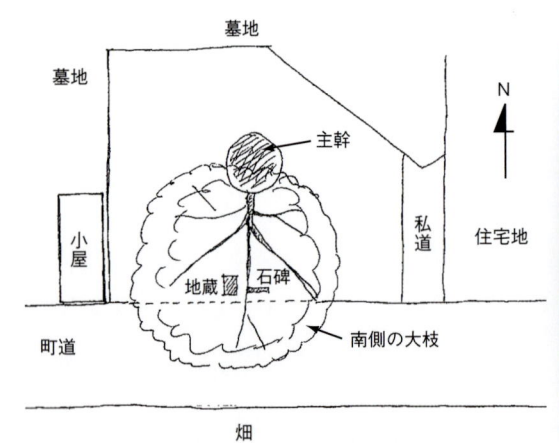

図Ⅱ－2.5－5　立地状況平面図　　　写真Ⅱ－2.5－16　イチイガシの状況

Ⅱ－2.5 モデル対策事例

東西方向

南北方向

図Ⅱ－2.5-6 立地状況側面図（東西方向および南北方向）

表Ⅱ-2.5-3　地上部の衰退度判定結果

樹勢	樹形	枝の伸張量	梢や上枝の先端の枯損	下枝の先端の枯損	大枝・幹の損傷	枝葉の密度	葉の大きさ	樹皮の傷	樹皮の新陳代謝	胴吹きひこばえ
3	3	2	2	3	4	2	3	4	3	3

(3) 腐朽病害の状況

　枯れた主幹には担子菌類サルノコシカケ科のシイサルノコシカケとコフキタケの子実体およびカタツブタケ属の一種と思われる子嚢菌類が見られ、とくにコフキタケの子実体はかなり大きかったが、子実体の傘の広がり方は縮小傾向にあるようである。

　幹本体はほとんど死んでおり、著しく腐朽が進み、また生き残った南側の大枝の重みで縦に大きな亀裂が入って、反対側が透けて見える状態である（図Ⅱ-2.5-7）。そのため幹にあて木とワイヤーで亀裂の拡大を防ぐ処置がなされている。南に斜上して伸びている大枝も心材腐朽が進んで著しく空洞化しており、やや西側に傾いて上方に伸びている枝との分岐部近くでは大きな開口空洞となっている。また南側の大枝は道路の中ほどまで伸びているが、一度道路際あたりで枝が折れており、その折れ口では腐朽が進んでいるが、その時の心材部はまだ残っていて、辺材部が環状に腐朽して空洞化している（図Ⅱ-2.5-8）。

写真Ⅱ-2.5-17　コフキタケの子実体　　　　写真Ⅱ-2.5-18　亀裂と処置

Ⅱ-2.5 モデル対策事例

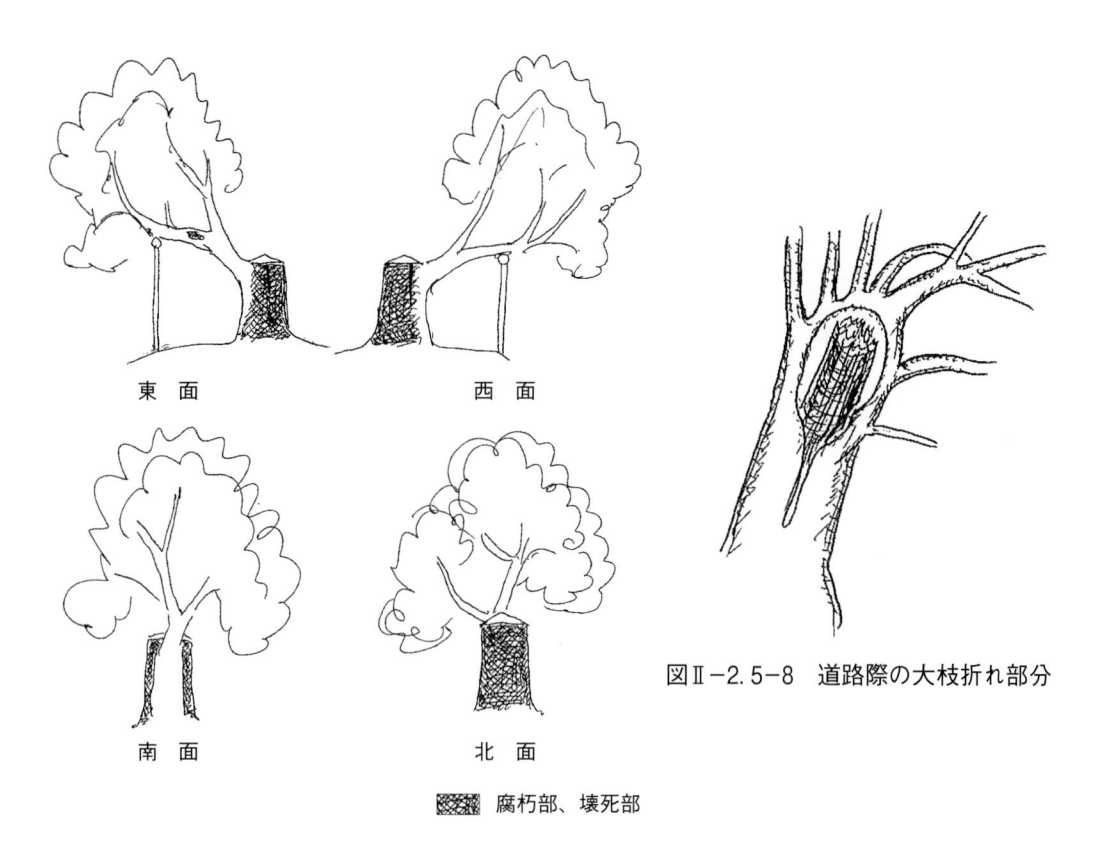

東面　西面

南面　北面

▨ 腐朽部、壊死部

図Ⅱ-2.5-7　腐朽状況側面図（4方向）

図Ⅱ-2.5-8　道路際の大枝折れ部分

(4) ピカスによる断層画像解析

　図Ⅱ-2.5-9に示す3か所でピカスによる断層画像解析を行った。その結果がピカス断層画像である。

　①は主幹の高さ1.5mほどのところで、周囲長は5.5mほどである。画像では幹の中心部は白色、青色、ピンク色になっており、ほとんど空洞化していると推察される。幹の周辺部分は黒褐-褐色で材がまだ固い状態であることを示しているが、プローブ（釘）は材が固いところまで打ち付けなければならないので、表層の腐朽材は素通りしてしまう。ゆえに画像では表層は未腐朽のように見えるが、実際は樹皮のすぐ内側の材は腐朽がかなり進行している。また、プローブ番号4と5の間が白くなっているが、これは南側のまだ生きている部分であり、開口空洞ではない。おそらく縦に亀裂が深く入っているため、振動波が伝わらずデータがブランクとなり、白く表現されてしまったのであろう。腐朽材率は51％と計算されている。

　②は南側大枝の基部近くで周囲長は3m、直径0.9mほどである。空洞化が進み、健全な部分は少なく見えるが、開口部分以外では樹皮は生きており、年輪形成は行われている。腐朽材率は64％となっているが、実際はもう少し低いであろう。

適用位置②のピカス断層画像　　　　　適用位置③のピカス断層画像

適用位置①のピカス断層画像

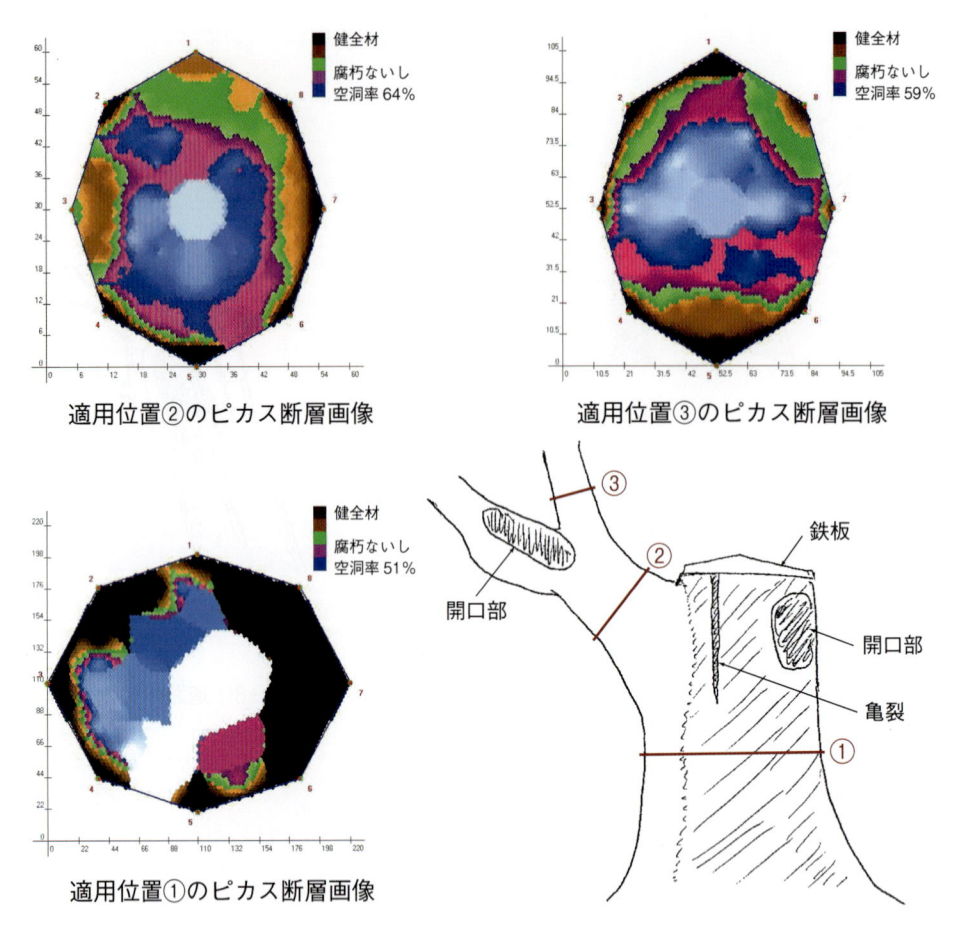

図Ⅱ-2.5-9　ピカス適用位置（①〜③）と断層画像

　③は南側大枝から分岐してやや西側に傾きながら上向している枝の基部で、周囲長は1.09mある。腐朽はかなり進行していて断面ではほぼ半分に及んでいるが、プローブを打ち付けた部分は樹皮が生きている部分なので、実際の腐朽率はもう少し低いと考えられる。

(5) 倒木・枝折れ等の危険度判定
　外観診断およびピカス断層画像解析の結果から、支柱をしなかった場合の危険度について、次のように判定した。
・根返り倒木：可能性あり
・幹折れ：わずかに残された幹の生きている部分が折れる可能性が高い
・大枝折れ：明らかに危険
・中小枝の落下：可能性が高い
・傾斜の増大：可能性が高い
・縦の亀裂の増大：明らかに危険

II-2.5 モデル対策事例

4) 対策の検討

(1) 当面の対策

- 根元周囲の通気透水性を改善して根系の活力を上げるために、細い鉄棒等を打ち込んでは引き抜くエアーション作業を根元周囲の土壌全面に行う。
- ごく薄い液肥を夏期の暑く乾燥した時期に水の代わりに十分散布する。
- グラベルマルチを取除き、堆肥のマルチを厚さ5〜10cmの範囲で行う。
- 樹勢が回復して枝葉量が急激に増えると枝折れの可能性はますます高くなるので、頬杖支柱を増やす（図II-2.5-10）。
- 除草剤の散布を中止する。

(2) 中長期的対策

- 周囲を柵で囲み、踏圧を防止する。柵には石材による玉垣のような立派なものはかえって基礎をつくる段階で根を傷めてしまう可能性が高いので、木杭等の簡単なものとする。

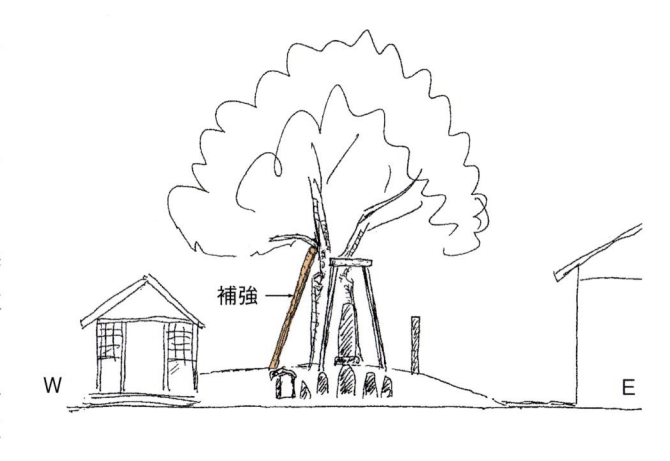

図II-2.5-10　補強支柱位置図

- 樹冠の中心を北側に移動させるために、北側に伸びた枝は大切に保護し、必要があれば頬杖支柱等で支える。
- 近隣の人々の中からこの樹木に関心を持つ人に「木守り」となっていただき、定期的に観察をしてもらい、異常が見られたらすぐに町役場へ連絡し、役場から県および樹木医に連絡が行って直ちにしかるべき処理がなされるような体制を構築する。

5) 調査協力者

診断：樹木医　川崎菊男
ピカス断層画像：樹木医　岡山瑞穂

2.5.5 熊本県菊池市ムクノキとエノキの事例

1）所在地
熊本県菊池市泗水町豊水

2）立地状況
本樹は菊池市泗水町を流れる合志川の自然堤防上にある。菊池市立泗水中学校の正門脇に存在するが、所有者は地区の神社の氏子の集まりである天神会（大友一族の末裔）である。周囲は舗装されているが、根元近くは縁石で囲われ、灌木が植栽されていて保護されている。根元には天神様が祀られている（図Ⅱ－2.5－11・12、写真－19・20）。

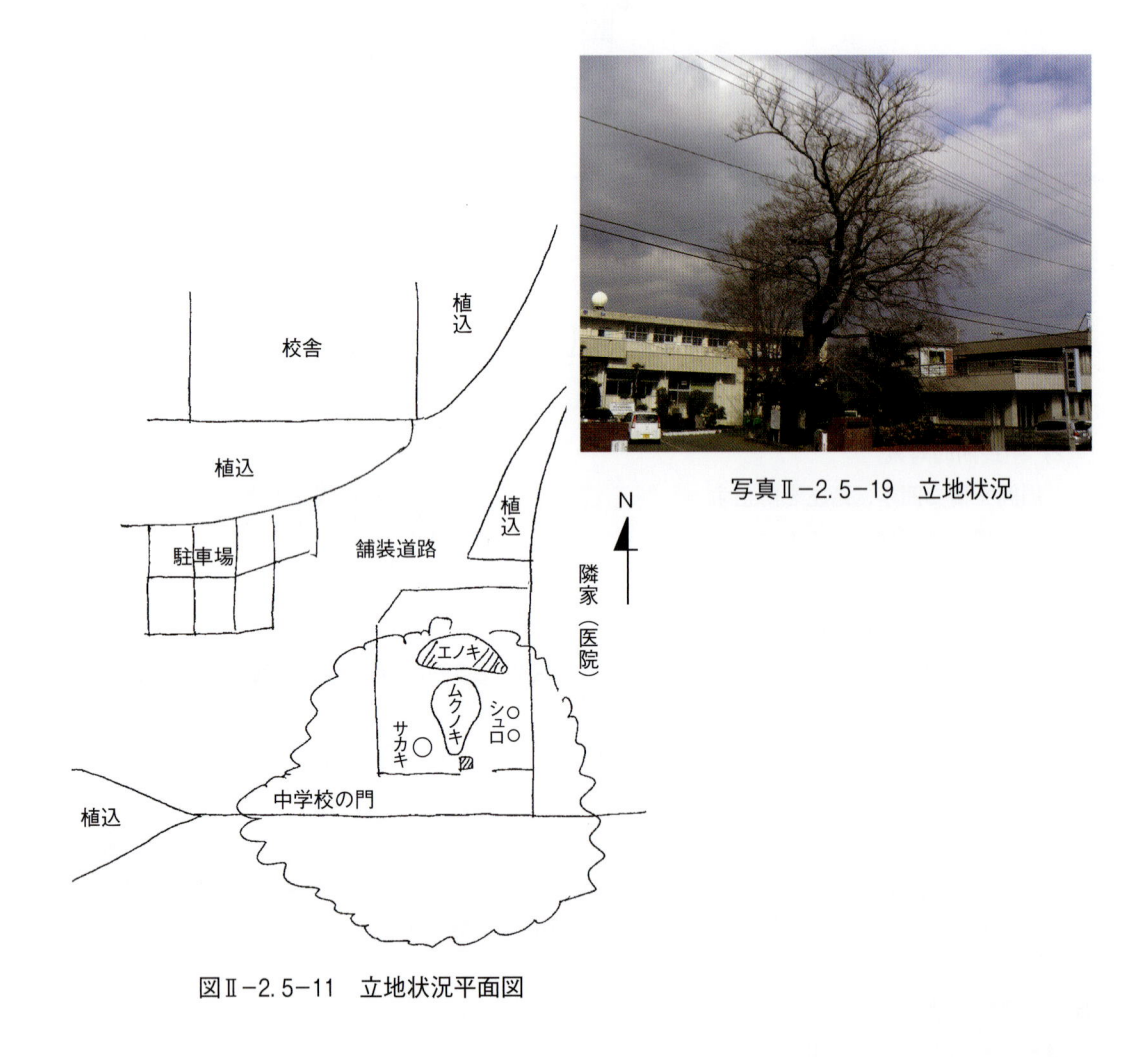

写真Ⅱ－2.5－19　立地状況

図Ⅱ－2.5－11　立地状況平面図

Ⅱ- 2.5　モデル対策事例

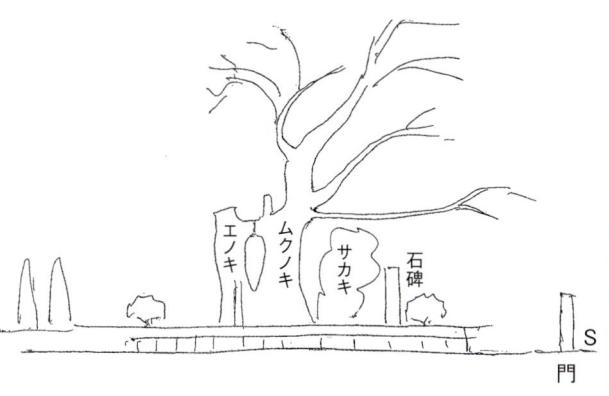

写真Ⅱ-2.5-20　立地状況

図Ⅱ-2.5-12　立地状況側面図

3）ムクノキとエノキの状況

（1）形状

ムクノキとエノキは高さ2～3mのところで合体しており、珍しい形をしていることから相生と名づけられたようであるが、平成16年9月の台風18号で北側にあるエノキの幹が折れて中学校の校舎に倒れ掛かり、コンピュータ室を壊したということである。エノキは完全に枯れており、高さ4mほどのところで切断されている。ムクノキは樹高19m、1.5mの高さによる幹周3.6m、枝張は幹から北側3.5m、南側10m、東側8m、西側8mである（図Ⅱ-2.5-13）。

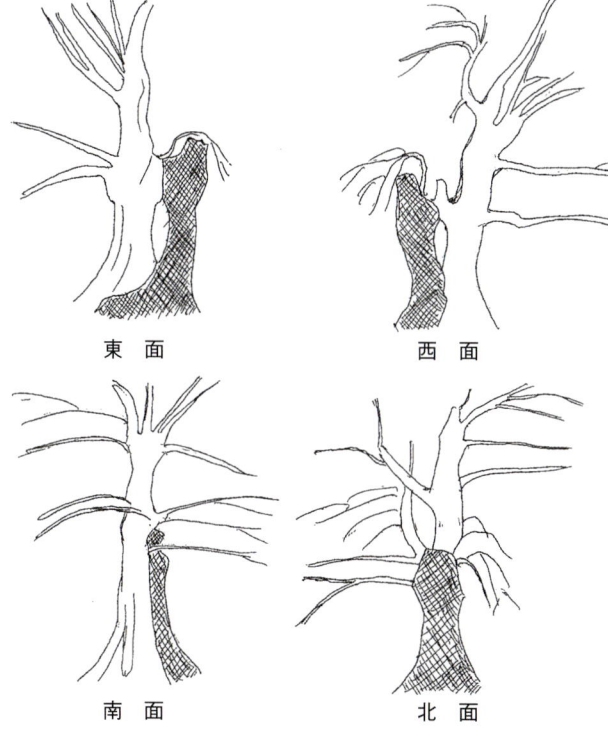

東面　　西面

南面　　北面

▨ 腐朽部、壊死部

図Ⅱ-2.5-13　腐朽壊死状況

175

(2) 樹木の状態

ムクノキの主幹と大枝の大部分は生きているが、一部の大枝が欠損しており、また枝先が枯れているのが目立つ。各評価項目の判定は表Ⅱ－2.5－4となり、評価点1.68なので衰退度はⅢの「不良」である。

表Ⅱ－2.5－4　地上部の衰退度判定結果

樹勢	樹形	枝の伸張量	梢や上枝の先端の枯損	下枝の先端の枯損	大枝・幹の損傷	枝葉の密度	葉の大きさ	樹皮の傷	樹皮の新陳代謝	胴吹きひこばえ
2	2	1	2	1	2	2	2	2	1.5	1

(3) 腐朽病害の状況

枯死したエノキにはコフキタケの子実体が沢山発生しており傘も年々拡大している（写真Ⅱ－2.5－21）。そのほか、根元にアラゲキクラゲの子実体が見られ、さらにエノキタケに似た子実体が根元に発生していた。エノキは材の表面からも腐朽が進行しつつあるようである。ムクノキはエノキと癒着した部分が壊死していることと、高さ5～6mほどのところにあった大枝が欠損していることから、腐朽病害がかなり進行し、根株腐朽もあると類推されるが、開口はなく外観からは腐朽の程度は判然としない。

写真Ⅱ－2.5－21
子実体が沢山発生しているエノキ

(4) ピカスによる断層画像解析

図Ⅱ－2.5－14に示す2か所でピカスによる断層画像解析を行った（写真Ⅱ－2.5－22）。

①は高さ1.5mほどで、周囲長3.6m、直径は南北方向1.23m、東西方向1.1mであった。幹の中心部は腐朽が進み、とくにエノキと癒着している部分の直下での腐朽が著しかった。腐朽率は49％と算出されたが、樹皮はほとんど健全な状態なので、実際の腐朽率はもう少し低くなると思われる。

②は高さ2.5mほどの所で、周囲長は約3.5m、直径は南北方向で1.33m、東西方向で0.9mであった。この部分の腐朽は①より少なく、とくに南側の縦

写真Ⅱ－2.5－22
ムクノキに診断のためのセンサーを装着

II-2.5 モデル対策事例

に長く突き出た部分は健全材が多いが、エノキと癒合している北側の腐朽率がやや高くなっており、全体では25％ほどとなっている。ここも実際の腐朽率はもう少し低くなると考えられる。

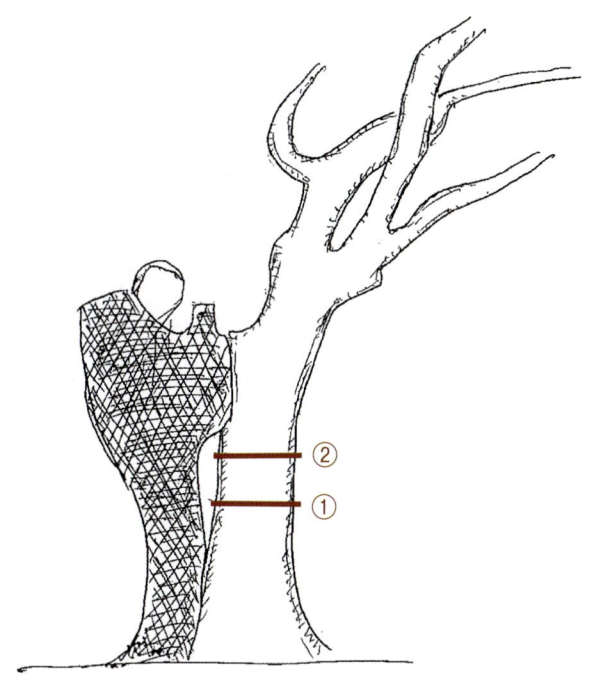

図Ⅱ-2.5-14　ピカス適用位置（①、②）と断層画像

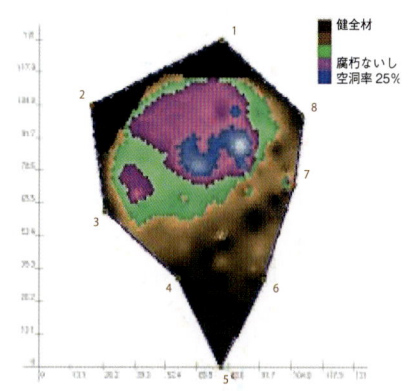

適用位置②のピカス断層画像

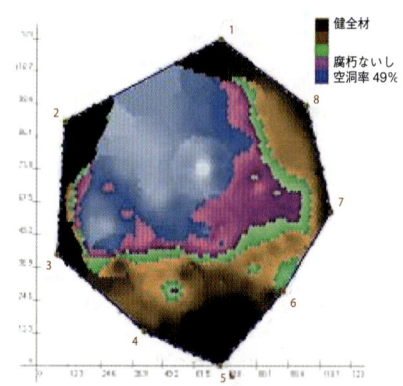

適用位置①のピカス断層画像

(5) 倒木・枝折れ等の危険度判定
- 根返り倒木：根株腐朽があり、樹体も傾斜しているが根張りが極めて大きいので、「可能性があり」程度と判定される。
- 幹折れ倒木：腐朽病害が進行しつつあるが、今すぐ折れる確率は大きくなく、「可能性があり」程度と判定される。
- 大枝折れ：枯れた枝が残っている訳ではないが、長く横に伸びているので、「可能性があり」程度と判定される。
- 中小枝落下：小枝の枯れが目立ち、比較的細い枝の風や雪による落下の可能性は極めて高く、「明らかに危険」と評価される。
- 幹の傾斜の増大：根株腐朽がいくらかあることと、大枝の分布が偏っていることから、「可能性が高い」と判定される。

4）対策の検討

（1）当面の対策
- 深さ 1m ほどの割竹挿入土壌改良法や細い鉄棒を深さ 0.5m 突き刺しては引き抜くエアレーションを根元周囲の土壌全体に施し通気透水性を改善して樹勢を回復させ、木材腐朽菌を区画化して閉じ込める力を高めるとともに、腐朽材の外側の健全材の厚みが年々増していくように促す。
- 可能であればワイヤーブレースで幹や大枝を支え、弱い風の時には樹体が揺れるように少しゆるめにしておく（図Ⅱ-2.5-15）。

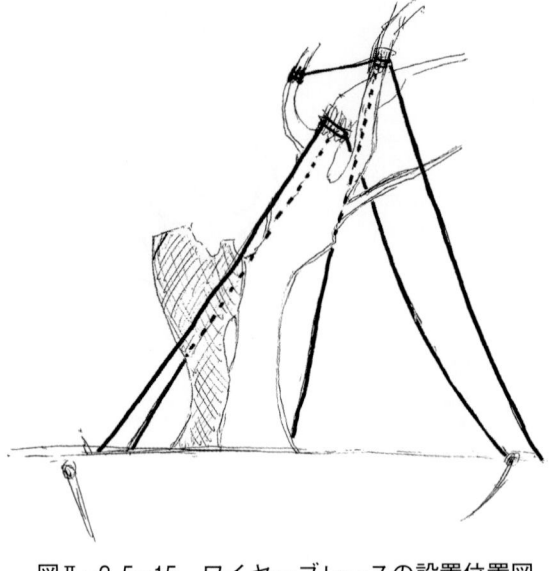

図Ⅱ-2.5-15　ワイヤーブレースの設置位置図

（2）中長期的対策
- 周囲を柵で囲み踏圧を防止する。柵には石材による玉垣のような立派なものはかえって基礎をつくる段階で根を傷めてしまう可能性が高いので、木杭とロープ等の簡単なものとする。
- 近隣の人々の中からこの樹木に関心を持つ人に「木守り」となっていただき、定期的に観察してもらい、異常が見られたらすぐに市役所へ連絡し、役所から県および樹木医に連絡を行って直ちにしかるべき処理がなされるような体制を構築する。

5）調査協力者
　　診断：樹木医　川崎菊男
　　ピカス断層画像：樹木医　岡山瑞穂

索 引

木材腐朽菌

アイカワタケ …………… 54, 55
アオゾメタケ ……………… 57
アズマタケ ………………… 69
アナタケ …………………… 25
アラゲキクラゲ …………… 14
ウサギタケ ………………… 37
ウスバタケ ………………… 26
ウズラタケ ………………… 47
オオシロサルノコシカケ … 52
オオチリメンタケ ………… 38
オオミコブタケ …………… 13
オニカワウソタケ ………… 70
カイガラタケ ……………… 36
カイメンタケ ……………… 53
カシサルノコシカケ ……… 75
カタオシロイタケ ………… 61
カワウソタケ …………… 72, 73
カワラタケ ……………… 40, 41
カンゾウタケ ……………… 27
カンバタケ ………………… 63
キコブタケ ………………… 76
クジラタケ ………………… 42
クリタケ …………………… 20
クロサルノコシカケ ……… 62
コガネコウヤクタケ ……… 22
コフキサルノコシカケ … 66, 67
コフキタケ ……………… 66, 67
コブサルノコシカケ ……… 75
コブサルノコシカケモドキ … 77
コルクタケ ………………… 78
サガリハリタケ …………… 24
サビアナタケ ……………… 79
シイサルノコシカケ …… 50, 51
シイノサルノコシカケ … 50, 51
シハイタケ ………………… 32
シマサルノコシカケ …… 80, 81

シロアミタケ ……………… 43
シロアメタケ ……………… 30
シロカイメンタケ ………… 64
スエヒロタケ ……………… 16
チヂレタケ ………………… 23
チャアナタケ ……………… 82
チャアナタケモドキ ……… 83
チャカイガラタケ ………… 45
ツガサルノコシカケ ……… 59
ツリガネタケ ……………… 46
ツリバリサルノコシカケ … 84
ナラタケ …………………… 17
ナラタケモドキ …………… 18
ニクウスバタケ …………… 34
ニレサルノコシカケ ……… 52
ヌメリスギタケモドキ …… 21
ネンドタケ ………………… 85
ハカワラタケ ……………… 33
バライロサルノコシカケ … 60
ヒイロタケ ………………… 44
ヒトクチタケ ……………… 29
ヒラタケ …………………… 15
ヒラフスベ ……………… 54, 55
ベッコウタケ …………… 48, 49
ホウロクタケ ……………… 58
マスタケ …………………… 56
マツオウジ ………………… 28
マンネンタケ ……………… 68
ミダレアミタケ …………… 35
ムサシタケ ………………… 87
モミサルノコシカケ ……… 86
ヤケコゲタケ ……………… 74
ヤナギマツタケ …………… 19
ヤニタケ …………………… 31

アルファベット

BBR ………………………… 151
CODITモデル ……………… 145
CODIT理論 ………………… 154
KOH液 ……………………… 102
Tree Surgery ……………… 144
VTA ………………………… 118

あ

アイカワタケ属 …………… 99
アオゾメタケ属 …………… 100
アナタケ属 ………………… 98
アミロイド …………… 94, 101
アラビノース ……………… 114
α－ナフトール …………… 94

い

異形細胞 …………………… 92
1菌糸型 …………………… 92
一年生 ………………… 90, 101
イドタケ科 …………… 93, 94
インパルスハンマー ……… 121

う

ウスキアナタケ属 ………… 99
ウスバタケ属 ……………… 98
うどんこ病菌 ……………… 113

え

エアースコップ …………… 127
永年性がん腫 ……………… 147

お

オキナタケ科 ……………… 97
オシロイタケ属 …………… 99
温度 ………………………… 108

か

カイガラタケ属 …………… 99
カイメンタケ属 …………… 99

殻皮 …………………… 101	減数分裂 ……………… 105	樹木の外科手術 ………… 144
隔壁部 ……………… 92, 107	**こ**	条件的寄生 ……………… 113
かすがい連結 …… 92, 101, 105	抗菌性物質 ……………… 115	畳生 ……………………… 90
カタツブタケ属 ………… 170	孔口 ……………………… 102	生立木腐朽 ……………… 113
褐色腐朽 …… 94, 101, 115	硬質菌類 ………………… 98	シリンガルダジン ……… 94
仮道管 ……………… 108, 114	酵素 ………… 94, 108, 114	シロアミタケ属 ………… 99
カワウソタケ属 ………… 101	膠着菌糸 ………………… 92	シロキクラゲ目 ………… 96
環溝 ……………………… 101	交配 ……………………… 105	シロサルノコシカケ属 … 105
管孔 ……………………… 101	厚壁胞子 …………… 102, 107	シワウロコタケ属 ……… 98
含水率 …………………… 108	剛毛状菌糸 ……………… 92	真菌類 …………………… 113
感染 ……………………… 106	剛毛体 ……………… 92, 102	心材 ……………… 109, 115
乾燥器 …………………… 89	コウヤクタケ科 ………… 98	心材腐朽 …………… 103, 115
カンゾウタケ科 ………… 98	骨格菌糸 …………… 92, 102	侵入経路 ………………… 140
カンゾウタケ属 ………… 99	根系 ……………………… 106	**す**
カンバタケ属 …………… 100	根状菌糸束 ………… 102, 106	スエヒロタケ科 ………… 97
γ線樹木腐朽診断器 …… 120	**さ**	スエヒロタケ属 ………… 97
環紋 ……………………… 101	材質腐朽病 ……………… 113	スギタケ属 ……………… 97
き	採集 ……………………… 89	スルメタケ属 …………… 105
偽アミロイド …………… 94	細胞壁 ……………… 107, 114	**せ**
キクラゲ科 ……………… 96	サガリハリタケ属 ……… 98	生活環 …………………… 105
キクラゲ属 ……………… 96	坐生 ………………… 90, 102	生殖菌糸 ………………… 92
キクラゲ目 ……………… 96	さび病菌 ………………… 113	成長錐 …………………… 125
キコブタケ属 …………… 101	サルノコシカケ科 ……… 99	青変菌 …………………… 109
キシロース ……………… 114	3菌糸型 ………………… 92	絶対寄生 ………………… 113
寄生 ……………………… 113	傘肉 ……………………… 102	セルロース ……………… 114
木槌打診 ………………… 118	**し**	**た**
菌根 ……………………… 113	シイサルノコシカケ属 … 99	体細胞分裂 ……………… 105
菌糸 ……………………… 108	子座 ………………… 95, 102	帯線 ……………………… 103
菌糸型 ……………… 92, 101	子実層 ……………… 102, 105	タコウキン科 …………… 99
キシメジ科 ……………… 97	子実層托 …………… 90, 102	多糖類 …………………… 114
く	子実体 ……………… 90, 102	多年生 ……………… 90, 103
グラベルマルチ ………… 173	糸状菌類 ………………… 113	タバコウロコタケ科 …… 101
クリタケ属 ……………… 97	シスチジア ………… 92, 102	担子器 …………………… 96
グルコース ……………… 114	子のう殻 ………………… 102	担子菌 …………………… 103
クロサイワイタケ科 …… 95	子のう菌類 ………… 95, 103	担子菌類 …… 92, 96, 105
クロサイワイタケ目 …… 95	子のう胞子 ………… 95, 103	担子胞子 …… 93, 103, 107
クロサルノコシカケ属 … 100	シハイタケ属 …………… 99	**ち**
け	死物寄生 ………………… 113	チオファネートメチル剤 … 147
形成菌糸 ………………… 92	シャイゴ博士 …………… 144	チヂレタケ属 …………… 98
形成層 ……………… 113, 147	柔細胞 ……………… 114, 145	
結合菌糸 …………… 92, 102	樹脂細胞 ………………… 115	
原菌糸 ……………… 92, 102	樹枝状糸状体 …………… 92	

180

索 引

つ
ツガサルノコシカケ科 … 100
ツガサルノコシカケ属 … 100
ツバ ……………………… 103
ツヤナシマンネンタケ属 101

て
デキストリノイド …… 94, 103

と
道管 ………………… 108, 114

な
ナラタケ属 …………… 97, 102
ならたけ病 ……………… 117
ならたけもどき病 ……… 147
軟質菌類 ………………… 96
軟腐朽 …………………… 103

に
2核菌糸体 ……………… 105
2菌糸型 ………………… 92
ニクハリタケ科 ………… 98

ね
根株腐朽 …………… 103, 116

の
のう状体 ………………… 92

は
背着生 ………………… 90, 103
白色腐朽 ………… 94, 103, 115
発芽 ……………………… 107
発芽管 …………………… 107
発芽孔 …………………… 103, 107
発芽スリット ……… 103, 107
発生位置 ………………… 136
ハナビラタケ科 ………… 94
ハラタケ目 ……………… 96
半背着生 ……………… 90, 103
半被実性 ……………… 96, 104

ひ
ヒイロタケ属 …………… 100

ピカス …………………… 121
ヒダナシタケ目 ………… 90
ヒトクチタケ属 ………… 100
標徴 ………………… 104, 117
病徴 ………………… 104, 117
標本 ……………………… 89
ヒラタケ科 ……………… 97
ヒラタケ属 ……………… 97

ふ
フェノール類 …………… 115
不完全菌類 ……………… 104
腐朽病害 ………………… 113
腐朽誘発要因 …………… 140
腐生 ……………………… 113
腐敗 ……………………… 89
フミヅキタケ属 ………… 97
フラクトメーター ……… 125
フラッシュカット ……… 152
ブランチカラー ………… 151
ブランチバークリッジ … 151
プロテクションゾーン … 151
分生子束 ………………… 104
分生子柄 ………………… 107
分生胞子 …………… 104, 107
分節型胞子 ………… 104, 107

へ
べっこうたけ病 …… 117, 143
ヘミセルロース ………… 114
辺材部 ……………… 108, 147
辺材腐朽 …………… 103, 115

ほ
防御層 ……………… 125, 154
芳香族 …………………… 114
胞子 ……………………… 107
胞子紋 ……………… 93, 104
ホウロクタケ属 ………… 100
保護帯 …………………… 151

ま
マツオウジ属 …………… 100
マンネンタケ科 ………… 100
マンネンタケ属 ………… 100

マンネンハリタケ科 …… 94
マンノース ……………… 114

み
幹腐朽 ……………… 104, 116
ミダレアミタケ属 ……… 100
ミヤマトンビマイタケ科 … 94

む
無性胞子 ………………… 105
無柄 ……………………… 104

め
メルツァー試薬 …… 94, 104

も
毛被 ……………………… 104
モエギタケ科 …………… 97
木材の腐朽 ……………… 113
木材腐朽菌 ……………… 113
木部 ……………………… 114
木部細胞壁 ……………… 108
木部繊維 ………………… 114

や
ヤニタケ属 ……………… 100

ゆ
有刺糸状体 ……………… 92
有柄 ……………………… 104

よ
横打撃共振法 …………… 126

ら
裸実性 ……………… 98, 104

り
リグニン ………………… 114
緑化樹木腐朽病害実態調査 128

れ
レジストグラフ ………… 120

資料編

緑化樹木腐朽病害の事例調査要領

今回の腐朽病害調査は以下の要領を作成して実施した。

1　事前準備

1）調査対象樹木の選定

　子実体の出ている樹木を探す。対象となる子実体は、できるだけ腐朽力の強いものが望ましいが、とくに種類を限定しない。調査地と本数は、都道府県毎に学校2本、公園2本、街路2本、ゴルフ場2本、その他2本（社寺）の合計10本を目安とする。

2）樹木所有者（管理者）への確認

　調査対象樹木が見つかったら、調査に入る前に必ず樹木所有者（管理者）に「緑化樹木腐朽病害事例調査のお願いについて」（別添）を手渡し、調査の主旨と調査内容（外観調査、写真撮影、子実体の採取）の了解を得る。

2　現地調査

1）調査シートの記入

　調査シートの記入は、「調査シート記入例（後掲）」を参考とする。なお、不明な項目については、記入漏れを防ぐため「不明」と記入する。

2）調査対象樹木・子実体の写真撮影

　写真は下表に示すように1事例につき7枚提出を原則とする。樹木の全体写真は、縦および横位置で撮影したものを各1枚の計2枚、子実体（キノコ）は、原則としてすべて横位置撮影の計5枚、あわせて7枚とする。

対象	写真番号	撮影の要領	枚数	撮影の向き
樹　木	01～02	対象樹木（腐朽病害の出ている樹木）の全体	2	縦・横各1枚
子実体（キノコ）	03	発生している子実体の全体の様子	1	すべて横撮影
	04	幹に向かって水平方向から	1	
	05	幹の右ないし左に立って真横から	1	
	06	下方向から	1	
	07	上方向から	1	
合　計			7	

※04～07については、子実体が複数出ている場合でも、1つの子実体を選んでアップ撮影する。
※1パターンにつき複数枚の撮影も可、送付の際は良好な画像のものを必要枚数選んで送付する。
※ベッコウタケなど子実体が地際に発生していて下方向からの撮影が困難な場合は、採取標本を撮影する。
※写真番号は整理番号として必要となる。

資料編

(1) 写真撮影の例

樹　木

01　対象樹木の全体写真（縦位置）

02　対象樹木の全体写真（横位置）

子実体

03　発生している子実体の全体の様子

04　幹に向って水平方向から

05　幹の右ないし左に立って真横から

06　下方向から

07　上方向から

※全体写真の撮影は個人情報の保護に配慮し、地名、表札、車のナンバー等が写らないようにする。

（2）デジカメを使用する際の注意点

デジタルカメラを使用する場合は、以下の設定に示す 300 万画素以上の解像度の画像とする。

項　目	設　定	備　考
画像サイズ	2048×1536　程度	一番大きいサイズ
画　質	高精細、ファイン　など	一番良い画質
画像ファイルサイズ	1.6MB／1枚　程度	―

3）標本（子実体、キノコ）の採取

（1）標本採取の手順

同定の必要な菌種の子実体は次の手順により採取する（ベッコウタケやコフキタケのように、調査者にとって容易に判断できる子実体は、標本を採取しない）。

・標本は1事例につき2検体を採取する。
・鋭利な刃物で樹皮から切り取り、1検体ずつ茶色の小袋に入れ、ホッチキス、セロテープで留める。
・1事例につき茶色の小袋が2袋、それを一緒に白色の中袋に入れ、ホッチキス、セロテープで留める。
・白色の中袋に必要事項を記入したラベルを貼り付ける。ラベルの記入方法は次頁参照。

※子実体が1つしか出ていない場合は、1検体とする。
※子実体が大きく、茶色の小袋に収まらない場合（20～30cm に成長）は、鋭利な刃物で茶色の小袋に入る程度の大きさに切り分け、その断片を1検体ずつ封筒に入れ、2検体とする。切り方は、下図のように、子実体を縦方向（胞子を確実に採取するため）に切断する。

＜標本を入れる袋＞

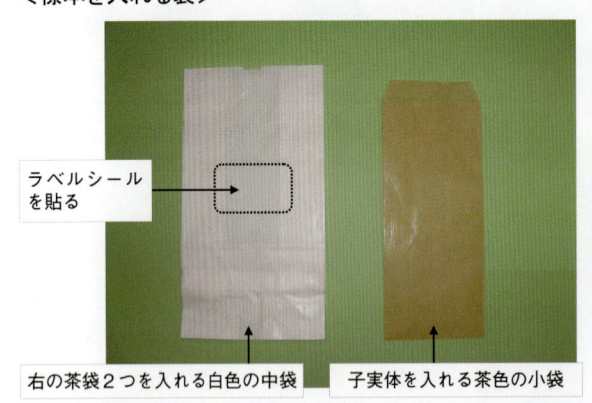

ラベルシールを貼る

右の茶袋2つを入れる白色の中袋　　子実体を入れる茶色の小袋

大きな子実体は縦方向に切断する

資料編

(2) ラベルの記入方法
・白色の中袋に貼り付けるラベルには、消えにくいボールペンか油性ペンで記入する。

　　　＜記入例＞

```
都道府県名　：東京都
調査者名　　：緑化　太郎
採取年月日　：平成18年7月28日
シート番号　：06－0728－1
```

・シート番号は、すべて数字と－（ハイフン）で書く。

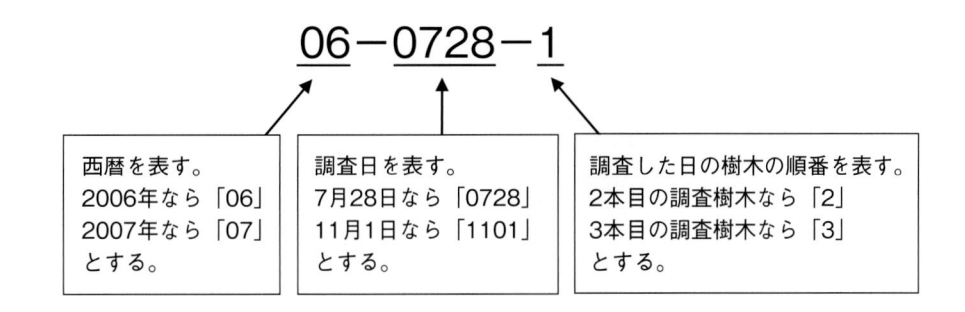

06－0728－1

西暦を表す。	調査日を表す。	調査した日の樹木の順番を表す。
2006年なら「06」 2007年なら「07」 とする。	7月28日なら「0728」 11月1日なら「1101」 とする。	2本目の調査樹木なら「2」 3本目の調査樹木なら「3」 とする。

・シート番号は、調査シートのシート番号と同一のものとする。

(3) 写真番号の整理
＜デジカメの場合＞
　撮影した写真の中から、撮影要件を満たし、良好な画像のものを7枚選ぶ。元のファイル形式に手を加えずに（補正、サイズ変換、形式変換などをしないで）、CD－Rに書き込む。
　1枚のCD－Rに複数の調査事例を書き込む場合は、1事例の写真を1つのフォルダに格納する。その際フォルダ名は調査シートと同一番号とする。

＜フィルムの場合＞
　撮影したポジフィルムは「マウント付き」で現像し、下記のようにマウントに油性ペンで必要事項を記入する。スライドケースは、ケース用の封筒に入れ、セロテープで留める。

・スライドの写真番号は、シート番号と写真番号により構成し、すべて数字と－（ハイフン）で書く。

$$06-0728-1-01$$

西暦を表す。	調査日を表す。	調査した日の樹木の順番を表す。2本目の調査樹木なら「2」、3本目なら「3」とする。	写真番号を表す。
2006年なら「06」 2007年なら「07」とする。	7月28日なら「0728」 11月1日なら「1101」とする。		「幹に向かって水平方向」なら「04」、「上方向」なら「07」とする。

この白い部分がマウント部

この部分にコマ番号が逆さに記入されている

ここに、写真番号を油性ペンで記入する

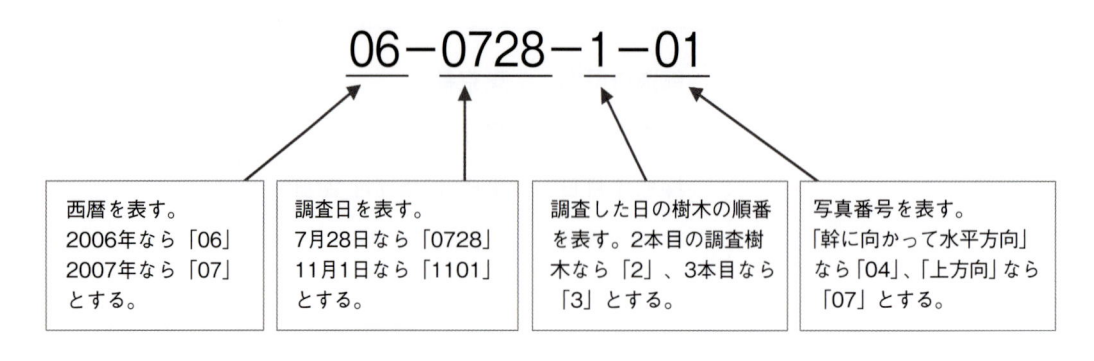

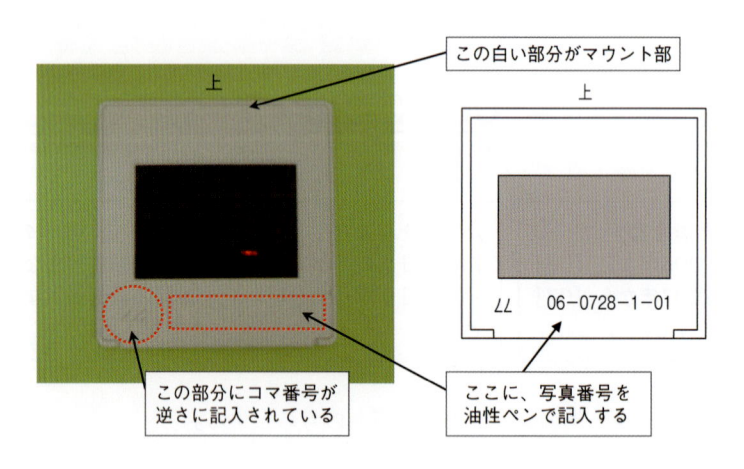

※写真番号の付け方は、デジカメの場合もポジフィルムの場合も共通とする。
※デジカメの場合は半角で「06-1201-3-04」のようにファイル名を入力する。"－"は「＋・－」の「－」を使用（テンキーの右上）。
※ポジフィルムは、必ず「マウント付き」で現像する。上図の白い枠の下部に、写真番号を油性ペンで記入する。

資料編

4）緑化樹木腐朽病害調査シート（記入例）

①調査地情報

都道府県名	東京都	調査者名	緑化　太郎
シート番号	05－0728－1	調査日	平成17年7月28日
立地場所	1.学校　2.公園　3.街路　4.ゴルフ場　5.その他　（　　　　）		2
樹木所在地	東京都港区赤坂○－○－○　　○○公園内		
所有者（管理者）名、担当者名	○○公園管理事務所　担当者　○○氏		
所有者（管理者）連絡先	TEL：03－○○○○－○○○○		

②腐朽病害発生樹木について

樹種名	ソメイヨシノ							
形状寸法等	樹高	15.0m	主幹幹周	1.2m	枝下高	10.0m	樹齢	40年
	根元周（地際から20cmの高さ）			1.35m	株立ちの場合、幹周15cm以上の株の本数		本	
	枝張	東	8.0m	西	9.0m	南	9.5m	北	8.0m

③周囲の状況

（カッコ内は○印をつけるか、具体的に記述する。パソコン入力の場合は番号を入力）

根元の状態	1.裸地、2.草地・地被類、3.灌木、 4.舗装（砂利・砕石、アスファルト・コンクリート） 5.覆土（厚さ　　　cm程度）、6.その他（　　　　　　）	1
周囲の状況	1.樹林、2.芝生、3.草地、4.耕地、 5.建物の近く（樹木からの距離　　　m）、6.道路、7.河川、 8.その他（　　　　　　）	1
日照条件	1.良、2.普通、3.不良、4.その他（　　　　　　　　）	2
土　壌	1.自然土、2.盛土・客土、3.切土、4.その他（　　　　　　）	1
地　形	1.平地、2.山地、3.丘陵地、4.台地、5.低湿地、6.尾根、7.中腹、8.谷、 9.窪地、10.扇状地、11.開析低地、12.自然堤防、13.埋立地、 14.海岸、15.その他（　　　　　　　）	1

④木材腐朽菌（子実体）と病害について

発生位置	地際からの高さ（子実体が1つの場合）	20cm	
	発生範囲（子実体が複数の場合）	地際より　　　cmから　　　cmの間	
発生位置の方位（面している方向）		北から西にかけて	
腐朽型	1. 根株心材腐朽、2. 根株辺材腐朽、3. 幹心材腐朽、4. 幹辺材腐朽　5. その他（根株心・辺材腐朽　　）		3
腐朽の程度	0. ほとんどなし、1. 軽い、2. 中程度、3. 著しい、4. 激害		3
推測される菌種名	コフキタケ		
腐朽状態の所見	腐朽がかなり進行している。触ると相当固い。色は上部が茶褐色で、側面は白色、下部はオレンジ色。大きさは幅25cmほどで厚みが15cm程度。キノコ臭がする。		
腐朽にいたる要因（推測でよい）	幹に数か所、幅10cmほどの傷があることなどから、草刈り機による幹の損傷から、腐朽菌が侵入した可能性がある。		

⑤樹木の地上部の衰退度判定（各項目を0～4の5段階で評価）

項　目	評　価	項　目	評　価
① 樹勢	1	⑦ 枝葉の密度	2
② 樹形	2	⑧ 葉の大きさ	1
③ 枝の伸長量	1	⑨ 樹皮の傷	2
④ 梢や上枝の先端の枯損	2	⑩ 樹皮の新陳代謝	1
⑤ 下枝の先端の枯損	1	⑪ 胴吹き、ひこばえ	1
⑥ 大枝・幹の損傷	2		

評価基準	0	1	2	3	4
	良	やや不良	不良	著しく不良	極めて不良

⑥その他、気づいたこと（とくになければ必要なし）

　樹勢はそれほど悪くなく、植桝も広い。根元周辺は舗装されておらず、土壌が剥き出しの状態となっており、樹木の成長には適した環境である。しかし、土壌はかなり踏み固められており、さらに上枝の先端に枯葉がついている枝が数本見られたことなどから、本樹は乾燥害を受けているものと思われる。

　対策としては土壌改良を実施し、根を広範囲に伸長させるとよい。また、根系保護のため、根元付近に完熟堆肥のマルチングをするとよい。

<参考1> 衰退度判定基準

評価項目	評価基準 0	1	2	3	4
① 樹勢	旺盛な生育状態を示し、被害が全くみられない	幾分影響を受けているが、あまり目立たない	異常が明らかに認められる	生育状態が極めて劣悪である	ほとんど枯死
② 樹形	自然樹形を保っている	若干の乱れはあるが、自然樹形に近い	自然樹形の崩壊がかなり進んでいる	自然樹形がほぼ崩壊し、奇形化している	ほとんど完全に崩壊
③ 枝の伸長量	正常	幾分少ないが、目立たない	枝は短くなり細い	枝は極度に短小、しょうが状の節間がある	下からの萌芽枝のみわずかに成長
④ 梢や上枝の先端の枯損	なし	少しあるがあまり目立たない	かなり多い	著しく多い	梢端がない
⑤ 下枝の先端の枯損	なし	少しあるがあまり目立たない	かなり多い、切断が目立つ	著しく多い、大きな切断がある	ほとんど健全な枝端がない
⑥ 大枝・幹の損傷	なし	少しあるが回復している	かなり目立つ	著しく目立つ 大きく切断されている	大枝・幹の上半分が欠けている
⑦ 枝葉の密度	枝と葉の密度のバランスがとれている	0に比べてやや劣る	やや疎	枯死が多く、葉の発生が少なく著しく疎	ほとんど枝葉がない
⑧ 葉の大きさ	葉がすべて十分な大きさ	所々に小さい葉がある	全体にやや小さい	全体に著しく小さい	わずかな葉しかなく、それも小さい
⑨ 樹皮の傷	ほとんどなし	少しあると思われる	腐朽がみられるが進行は遅い	腐朽が進んでいる	大きな空洞、腐朽が著しい
⑩ 樹皮の新陳代謝	樹皮は新鮮な色をしていて新陳代謝が活発である	普通	樹皮に活力がない	著しく活力が無く衰退ぎみである	樹皮の大部分が枯死
⑪ 胴吹きひこばえ	枝葉量が多く、胴吹きひこばえもない	枝葉量は多いが胴吹き、あるいはひこばえもある	枝葉量が少なく胴吹き、ひこばえがある	枝葉量が極めて少なく、胴吹き、ひこばえが多い	枝葉量が極めて少なく、胴吹き、ひこばえも少ない

<参考2> 衰退度判定の考え方

項目	評価基準
① 樹勢	全体を最初に見た印象で評価する。
② 樹形	主に樹冠の状態を観察する。十分な樹冠をもっているか、片枝になっていないか、樹種本来の樹形が損なわれていないかなどで評価する。
③ 枝の伸長量	樹冠のなるべく高い位置の当年枝あるいは前年枝の伸長状態から判断する。下枝や胴吹き・ひこばえの徒長枝を評価対象としてはならない。
④ 梢や上枝の先端の枯損	上枝とは樹冠の上からほぼ1/2までに位置する枝で、自らの樹冠により日陰となることのない枝を指す。上枝が枯れる要因としては、乾燥かあるいは根や幹に何らかの障害があり、高い部分まで水分が上がりにくくなっていることを示している。
⑤ 下枝の先端の枯損	下枝とは樹冠の下からほぼ1/2までに位置する枝を指す。下枝が枯れていても、それがその木の上枝に覆われて日照不足になって衰退したのであれば問題とならない。他の樹木や建物の影響で枯れたり、下枝にも十分に日射が当たっているのに枯れている場合はマイナス評価。
⑥ 大枝・幹の損傷	大枝の著しい枯損や強度の剪定、枝の長い切り残しの有無、幹の損傷などで評価する。
⑦ 枝葉の密度	対象木が通常どの程度の枝や葉を持つかを基準とし、それに比べ多いか少ないかで評価する。
⑧ 葉の大きさ	葉の大きさは対象木の水分条件を表す。乾燥が続いたり、根系の発達が制限されている場合、小さい葉となりやすい。胴吹き・ひこばえの葉を評価対象としてはならない。
⑨ 樹皮の傷	樹皮の傷の有無やその傷の程度などにより評価する。
⑩ 樹皮の新陳代謝	活発に肥大成長している樹木は樹皮が入れ替わって剥がれ落ちたり、明るい色をした樹皮が見えたりとみずみずしい印象を受ける。一方、肥大成長していない樹木は樹皮に地衣類などがついており、黒ずんでいたりすることが多い。
⑪ 胴吹き、ひこばえ	胴吹きやひこばえが出ていると、その樹木は全体としてエネルギー不足の状態にあると考えられるのでマイナス評価。

執筆者一覧

章節	執筆者名	所属
I　木材腐朽菌図鑑		
1　木材腐朽菌図鑑	阿部　恭久	（独）森林総合研究所
2　木材腐朽菌の性質	同	森林微生物研究領域長
II　緑化樹木腐朽病害の診断と対策		
1　緑化樹木腐朽病害の診断		
1.1　樹木の腐朽病害について	阿部　恭久	
1.2　腐朽病害の見分け方		
1）外見による被害木の診断	阿部　恭久	
2）VTA手法による心材腐朽の診断	神庭　正則	（株）エコル代表取締役
3）機器による診断	同	
1.3　腐朽病害診断の課題	堀　大才	NPO法人樹木生態研究会代表
1.4　腐朽病害の腐朽程度判定の課題	同	
2　緑化樹木腐朽病害の対策		
2.1　腐朽病害の現状　1）〜2）	瀧　邦夫	（財）日本緑化センター緑化技術部主幹
	野口　淳	同　研究員
3）調査結果の総括	堀　大才	
2.2　被害対策の考え方	神庭　正則	
2.3　予防対策の考え方	同	
2.4　被害・予防対策の課題	同	
2.5　モデル対策事例		
2.5.1　モデル対策の考え方	堀　大才	
2.5.2　福島県郡山市エドヒガンの事例	神庭　正則	
2.5.3　埼玉県上尾市ケヤキの事例	同	
2.5.4　熊本県多良木町イチイガシの事例	堀　大才	
2.5.5　熊本県菊池市ムクノキ・エノキの事例	同	

（平成19年8月1日現在）

緑化樹木腐朽病害ハンドブック－木材腐朽菌の見分け方とその診断

2007年8月20日　第1刷発行
2017年7月31日　第3刷発行

編　者　　公益社団法人　ゴルフ緑化促進会
　　　　　〒107-0052　東京都港区赤坂2-20-5
　　　　　TEL　03-3584-2838　FAX　03-3584-2847
　　　　　メールアドレス　info@ggg.or.jp
　　　　　ウェブサイト　http://www.ggg.or.jp/

発行人　　進藤　清貴

発行所　　一般財団法人　日本緑化センター
　　　　　〒107-0052　東京都港区赤坂1-9-13　三会堂ビル
　　　　　TEL　03-3585-3561　FAX　03-3582-7714
　　　　　メールアドレス　book@jpgreen.or.jp
　　　　　ウェブサイト　http://www.jpgreen.or.jp/
　　　　　本書の記載に誤りがあった場合、上記ウェブサイトに正誤表を掲載します。

写真提供　標本・顕微鏡・培養写真：森林総合研究所　阿部恭久
　　　　　被害木・子実体写真：調査協力樹木医
表紙・イラスト　高崎よしみ（株式会社アスコット）
デザイン・レイアウト　八十島しのぶ（あとりえばふ）

ISBN978-4-931085-41-1

＜禁複写無断転載＞